"十四五"高等学校美术与设计应用型规划教材

总主编：王亚非

建筑模型
制作工艺

赵芸鸽　尹国华　编著

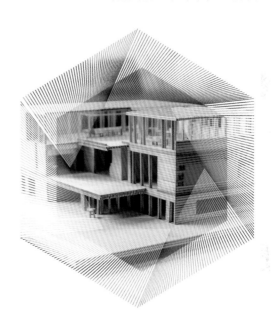

西南大学出版社

国家一级出版社　全国百佳图书出版单位

图书在版编目（CIP）数据

建筑模型制作工艺 / 赵芸鸽, 尹国华编著. -- 重庆:
西南大学出版社, 2024.1
　ISBN 978-7-5697-1975-8

　Ⅰ.①建… Ⅱ.①赵… ②尹… Ⅲ.①模型（建筑）-
制作 Ⅳ.①TU205

　中国国家版本馆CIP数据核字（2023）第206618号

"十四五"高等学校美术与设计应用型规划教材
总主编：王亚非

建筑模型制作工艺
JIANZHU MOXING ZHIZUO GONGYI

赵芸鸽　尹国华　编著

总 策 划：周　松　龚明星　王玉菊
执行策划：鲁妍妍
责任编辑：龚明星
责任校对：鲁妍妍
封面设计：闻江文化
排　　版：张　艳
出版发行：西南大学出版社（原西南师范大学出版社）
地　　址：重庆市北碚区天生路2号
邮　　编：400715
印　　刷：重庆康豪彩印有限公司
成品尺寸：210 mm×285 mm
印　　张：8.25
字　　数：238千字
版　　次：2024年1月 第1版
印　　次：2024年1月 第1次印刷
书　　号：ISBN 978-7-5697-1975-8
定　　价：68.00元

本书如有印装质量问题，请与我社市场营销部联系更换。

市场营销部电话：（023）68868624 68253705

西南大学出版社美术分社欢迎赐稿，出版教材及学术著作等。

美术分社电话：（023）68254657 68254107

序

当下，普通高校毕业生面临"'超前'的新专业与就业岗位不对口""菜鸟免谈""毕业即失业"等就业难题，一职难求的主要原因是近些年各普通高校热衷于新专业的相互攀比、看重高校间的各类评比和竞争排名，人才培养计划没有考虑与社会应用对接，教学模式的高大上与市场需求难以融合，学生看似有文化素养了，但基本上没有就业技能。如何将逐渐增大的就业压力变成理性择业、提升毕业生就业能力，是各高校急需解决的问题。而对于普通高校而言，如果人才培养模式不转型，再前卫的学科专业也会被市场无情淘汰。

应用型人才是相对于专门学术研究型人才提出的，以适应用人单位为实际需求，以大众化教育为取向，面向基层和生产第一线，强调实践能力和动手能力的培养。同时，在以解决现实问题为目的的前提下，使学生有更宽广或者跨学科的知识视野，注重专业知识的实用性，具备实践创新精神和综合运用知识的能力。因此，培养应用型人才既要注重智育，更要重视非智力因素的动手能力的培养。

根据《教育部 国家发展改革委 财政部关于引导部分地方普通本科高校向应用型转变的指导意见》，推动转型发展高校把办学思路真正转到服务地方经济社会发展上来，转到产教融合校企合作上来，转到培养应用型技术技能型人才上来，转到增强学生就业创业能力上来，全面提高学校服务区域经济社会发展和创新驱动发展的能力。

目前，全国已有 300 多所地方本科高校开始参与改革试点，大多数是学校整体转型，部分高校通过二级学院开展试点，在校地合作、校企合作、教师队伍建设、人才培养方案和课程体系改革、学校治理结构等方面积极改革探索。推动高校招生计划向产业发展急需人才倾斜，提高应用型、技术技能型和复合型人才培养比重。

为配套应用型本科高校教学需求，西南大学出版社特邀国内多所具有代表性的高校美术与设计专业的教师参与编写一套既具有示范性、引领性，能实现校企产教融合创新，又符合行业规范和企业用人标准，能实现教学内容与职业岗位对接和教学过程与工作流程对接，更好地服务应用型本科高校教学和人才培养的好教材。

本丛书在编写过程中主要突出以下几个方面的内容：

（1）专业知识，强调知识体系的完整性、系统性和科学性，培养学生宽厚的专业基础知识，尽量避免教材撰写专著化，要把应用知识和技能作为主导；

（2）创新能力，对所学专业知识活学活用，实践教学环节前移，培养创新创业与实战应用融合并进的能力；

（3）应用示范，教材要好用、实用，要像工具书一样地传授应用规范，实践教学环节不单纯依附于理论教学，而是要构建与理论教学体系相辅相成、相对独立的实践教学体系。可以试行师生间的师徒制教学，课题设计一定要解决实际问题，传授"绝活儿"。

本丛书以适应社会需求为目标，以培养实践应用能力为主线。知识、能力、素质结构围绕着专业知识应用和创新而构建，使学生不仅有"知识""能力"，更要有使知识和能力得到充分发挥的"素质"，应当具备厚基础、强能力、高素质三个突出特点。

应用型、技术技能型人才的培养，不仅直接关乎经济社会发展，更是关乎国家安全命脉的重大问题。希望本丛书在新的高等教育形势下，能构建满足和适应经济与社会发展需要的新的学科方向、专业结构、课程体系。通过新的教学内容、教学环节、教学方法和教学手段，以培养具有较强社会适应能力和竞争能力的高素质应用型人才。

2021 年 11 月 30 日

前 言

在我国城市和乡村的建设过程中，建筑模型制作是建筑设计重要的表达和沟通手段，它可以形象、直观地表达设计意图，展示建筑形象，受到设计师、开发商、展览商、博物馆和展览馆的青睐。很多设计师、模型制作爱好者投入到建筑模型制作的行列，甚至成立工作室和公司来进行商业运营，说明建筑模型制作具有较好的发展空间。

本书涉及建筑模型制作的概念、特点、用途、分类、材料，以及工具、建筑模型制作的基本流程和制作技巧、后期拍摄和处理等诸多方面内容，结合实际教学案例，深入浅出，图文并茂，清楚详尽地阐述建筑模型制作的全过程，并在本书第六章设置了模型制作的优秀案例，拓展了读者模型制作的视野，有助于提升美学修养，具有较强的实用性。

本书注重学生动手能力、团队合作能力、空间思维能力、策划部署安排能力以及综合能力的培养，亦熏陶学生的艺术审美。通过建筑模型制作实训，学生逐渐拥有独立完成模型制作的能力。本书以实践技能性为主，适合建筑、规划、风景园林、环境设计等诸多专业的学生使用，亦可作为建筑模型制作爱好者的工具书和参考资料。

本书共六章，第二章至第四章由赵芸鸽老师编写；第一章、第五章、第六章由尹国华老师编写。本书编写过程中感谢汤一凡、赵辰威同学的帮助，同时，本书的编写参考了其他文献，在此一并表示感谢，若有遗漏，望作者见谅。本书的编写难免有疏漏，不足之处请专家、学者、读者批评指正。

课 程 计 划

（建议 80 学时）

章名	章节内容	课时	
第一章 建筑模型制作基本知识	第一节 建筑模型制作概述	0.5（讲授）	4
	第二节 建筑模型分类	1（讲授）	
	第三节 建筑模型发展历程与前景	0.5（讲授）	
	思考与讨论	1	
	实训	1	
第二章 建筑模型制作材料与工具	第一节 建筑模型制作材料	1（讲授）	8
	第二节 建筑模型制作工具	2（讲授）	
	思考与讨论	1	
	实训（选择一实训项目按要求上交作业）	4	
第三章 建筑模型制作流程与方法	第一节 建筑模型制作流程	1（讲授）	14
	第二节 建筑模型底盘制作	1（讲授）	
	第三节 建筑模型建筑制作	1（讲授）	
	第四节 建筑模型配景制作	1（讲授）	
	第五节 建筑模型灯光布置和声效制作	1（讲授）	
	思考与讨论	1	
	实训（选择一实训项目按要求上交作业）	8	
第四章 建筑模型制作实训	第一节 几何形体模型制作实训	1（讲授）	44
	第二节 古建筑模型制作实训	1（讲授）	
	第三节 现代建筑模型制作实训	1（讲授）	
	思考与讨论	1	
	实训（选择一实训项目按要求上交作业）	40	
第五章 建筑模型的摄影与保存	第一节 建筑模型的摄影	0.5（讲授）	6
	第二节 建筑模型的保存	0.5（讲授）	
	思考与讨论	1	
	实训	4	
第六章 建筑模型作品赏析	第一节 建筑成品模型赏析	1（讲授）	2
	第二节 学生作品赏析	1（讲授）	
作业评价及课程总结	作业评价（自评、互评、教师点评）	1	2
	课程总结	1	
合计			80

二维码资源目录

序号	资源内容	二维码所在章节	码号	二维码所在页码
1	课程导入快剪视频	第一章	码 1-1	003
2	正多面体展开图	第四章	码 4-1	078
3	球体展开图	第四章	码 4-2	079
4	平身科单翘重昂七踩斗拱图	第四章	码 4-3	084
5	平身科单翘重昂七踩斗拱三维模型	第四章	码 4-4	087
6	平身科单翘重昂七踩斗拱拼接视频	第四章	码 4-5	087
7	故宫平面图	第四章	码 4-6	093
8	别墅三维模型	第四章	码 4-7	103
9	别墅展开图	第四章	码 4-8	104

目录

一

一

第一章

建筑模型制作
基本知识

学习目标

通过本章的学习，学生能认识建筑模型，了解建筑模型的概念、特点、作用，以及建筑模型发展历程，掌握建筑模型的分类；同时，激发学生对手工模型制作的兴趣，为后续的学习打下基础。

学习任务

1. 锻炼查找资料和分析资料的能力，收集各类建筑模型案例，讨论模型特点及作用，掌握模型的应用范围。

2. 掌握建筑模型的分类。

3. 了解建筑模型的发展历程。

任务分解（重点、难点）

本章任务分解表详见表 1-1 至表 1-3。

表 1-1 第一节 建筑模型制作概述

内容	技能与方法	学习知识点	考核点	重点、难点
建筑模型的概念	掌握建筑模型概念、特点和作用	深入了解什么是建筑模型	建筑模型的价值和应用范围	重点：建筑模型特点 难点：建筑模型作用
建筑模型的特点		建筑模型的特点：真实性、艺术性、新颖性、可行性		
建筑模型的作用		建筑模型的作用：辅助设计和施工、效果展示、记录与宣传教育、商业用途		

表 1-2 第二节 建筑模型分类

内容	技能与方法	学习知识点	考核点	重点、难点
按用途分	掌握建筑模型的分类	1.研究模型 2.发表模型	以模型制作的目的、最终结果和预期效果为导向，能够确定所做模型的类型	重点：按用途分的模型种类 难点：按材料分的模型种类
按表现区域分		1.单体体块模型 2.内部空间模型 3.规划模型		
按制作材料分		1.纸质模型 2.塑料模型 3.木质模型 4.综合模型		

表 1-3 第三节 建筑模型发展历程与前景

内容	技能与方法	学习知识点	考核点	重点、难点
国外建筑模型发展历程	掌握国内外建筑模型发展历程以及建筑模型发展趋势	1.古希腊、古罗马时期的建筑模型 2.中世纪时期的建筑模型 3.文艺复兴时期的建筑模型 4.包豪斯时期的建筑模型	1.国内外建筑模型的发展历程 2.样式雷的建筑贡献 3.建筑模型发展趋势	重点：我国建筑模型发展历程 难点：样式雷对我国建筑的贡献
我国建筑模型发展历程		1.建筑明器 2.沙盘 3.样式雷		
建筑模型发展前景		建筑模型发展前景		

一、建筑模型的概念

模型是对现实世界中事物和现象的一种描述，是一种模仿性的实物制作。模型根据现实的实物（图1-1、图1-2）或者设计者的设计（图1-3），按一定比例进行制作，根据实物以及最终模型呈现的体量，实体模型可以缩小和放大（图1-4），或等比例还原（图1-5）。有些模型与实物一模一样，在细节的刻画和制作上追求真实的还原，有些模型则是模仿实物的主要特征或是局部的细节还原。

建筑模型遵循建筑的尺度，按照一定比例，传递、解释并形象展现现实建筑或建筑设计方案的建筑造型和形态、建筑结构和布局、建筑材料、肌理及色彩、建筑周边环境和山体地形等（图1-6），制作者要考虑建筑模型的美学特征以及模型制作的技术手段，模型材料易于切割和加工，实体模型最终能呈现出三维的立体空间感。

码 1-1 课程导入快剪视频

第一节 建筑模型制作概述

图 1-1 鸟巢

图 1-2 鸟巢模型（鞍山博物馆）

图 1-3 海市计划（设计师：矶崎新）

图 1-4 旅顺博物馆模型（大连规划展示中心）

图 1-5 红房子模型（大连博物馆）

图 1-6 大连自然博物馆模型（大连自然博物馆）

二、建筑模型的特点

建筑模型在制作过程中受多种因素影响，它是经过制作人的艺术手段处理呈现出来的实物，有着真实性、艺术性、新颖性、可行性等特点。

1. 真实性

建筑模型的制作是为了科学地、客观地表现建筑物与其周边环境，模型按照一定比例进行制作，真实反映建筑的客观特征。建筑模型的真实性并不一味地还原现实建筑，而是把建筑的某些真实特征（如结构、布局、整体造型、建筑与周围环境、色彩肌理等）交代清楚。制作建筑模型的过程是对建筑进行再创造的过程，模型比现实存在的建筑或建筑设计方案更抽象、更概括。

红沿河核电站（图1-7）位于大连瓦房店红沿河镇，核电属于清洁能源、新能源，与相同发电量的燃煤电厂比，红沿河核电站每年可节约标煤1500万吨，温室气体综合减排效果明显。红沿河核电站模型主要展现了核电站建筑本身的结构，以及内部设备造型、肌理、色彩，完整展现核电站的真实特征。

弗兰克·盖里是当代著名的解构主义建筑师，他认为建筑设计的特点是奇特而不规则的曲线造型。弗兰克·盖里比较偏好制作模型，通过模型制作的过程对建筑设计进行再创造，将建筑特征再现，其模型的表达比较抽象而概括（图1-8），用来研究和验证建筑设计。

图1-7 红沿河核电站模型（大连规划展示中心）

图1-8 解构主义模型（设计师：弗兰克·盖里）

2. 艺术性

建筑模型的制作者需要经过巧妙的构思设计，在模型制作前充分理解所做建筑的特征和图纸，确定建筑模型要如何表达，选用何种材料、技术手法以及最终呈现的样式，模型的最终呈现要给人以美的感受和艺术的视觉盛宴。建筑模型的艺术特点主要体现在以下几点：

（1）建筑模型视觉美感的表达

建筑模型的视觉艺术，能够让观赏者直接感受到建筑的魅力，建筑模型艺术感的直接流露，能够提升建筑在人们心中的艺术形象，也能激发人们的想象力。

泰瑞咖啡馆（图1-9）位于韩国大田市鸡龙山的脚下，该建筑从村落肌理中生长，延伸至山巅景观，两栋建筑隔着中央庭院相对而视。泰瑞咖啡馆主要由混凝土

图1-9 泰瑞咖啡馆及其模型

和砖构成，建筑造型流动感强，光影变幻。模型将建筑的视觉美感尽显，观赏者能够从模型中直接感受到建筑的艺术气息。

（2）建筑模型的形式美表达

建筑本身的艺术价值会通过建筑模型展现出来，建筑设计本身遵循形式美法则，讲究比例、均衡、节奏和韵律。建筑模型制作过程中，有些模型按比例分割制作，将建筑的点、线、面等元素展现出来，并将建筑造型的节奏、韵律和平衡充分体现。

大连国际会议中心（图1-10）是夏季达沃斯会议中国区主会场，是国内知名的国际会议中心，建筑造型如行云流水般，回应着大海的呼唤，不仅本身节奏感很强，也与周边环境的韵律相协调。该模型很好地阐释了建筑的形式美。

（3）建筑模型艺术价值再创

一方面建筑模型要体现建筑本身的艺术价值，另一方面模型制作者需要从始至终进行模型的设计和再创造，这一过程需要巧妙的构思和独具匠心的设计，将建筑本身的形态和元素、整体与局部进行夸张与削弱、烦琐与简化的艺术处理，同时进行虚与实、主与次的再确定。建筑模型的再创造使模型带来视觉快感，产生艺术氛围。

健康工厂（图1-11）是医院站的健身设施设计，设施的设计具有艺术性和趣味性，设施材料为铁。健康工厂的模型制作以黑色为模型背景，白色为模型本体颜色，铁管交错高低起伏，夹杂其他铁艺元素，模型本身具有强烈的工业风格，将设计的视觉快感实体再现，产生强烈的艺术效果。

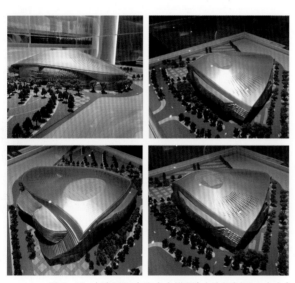

图1-10 大连国际会议中心模型（大连规划展示中心）

图1-11 健康工厂 金石滩医院站（作者：王紫涵）

图1-12 大连地铁规划模型（大连规划展示中心）

3. 新颖性

建筑模型的新颖性让模型与众不同，它取决于建筑本身的构思，也取决于建筑模型制作的新材料、新技术以及制作者的精湛工艺。模型让人感到新奇和真实，并带给人喜悦之感。优秀的模型制作者能够处理好各种模型材料之间的关系，在模型制作中，加入声、光、电等元素，使模型呈现出最佳的展示效果。这需要模型制作者有综合的知识和高度的审美意识。

大连地铁规划模型（图1-12）将大连地铁建设完成线路、近期规划和远景规划分别呈现，模型本体有不同颜色灯带，模型前面有触控屏幕，屏幕上的灯光开关按钮控制模型灯光，观众可以通过触控屏幕了解大连地铁规划情况。

大连市中级人民法院办公楼为关东地方法院旧址，是大连市市级文物保护单位和辽宁省省级近代优秀建筑。该建筑中轴对称，两侧展开，中央塔楼凸起。建筑模型展示时配有建筑视频介绍，视频内容包含建筑特征介绍、原址旧照片、现状照片、手绘图像等，视频滚动播放，让观众能够全方位地了解建筑。（图1-13）。

4. 可行性

建筑模型是真实的三维实体模型，其制作受到资金、模型制作人自身的技术水平、建筑模型复杂程度、模型材料、制作模型的工具、模型制作的环境和场地、成员之间的配合等诸多因素的限制。建筑模型的制作需要考虑以下几个问题，一是，建筑模型的造型、结构、材料、预算要合理；二是，建筑模型要满足使用者的需求，因为模型用途的不同，采用的建筑模型类型不同；三是，建筑模型不仅要客观反映建筑的特征或建筑设计的方案，建筑模型的建筑、内部装饰、外部环境还要和谐统一，满足审美需求；四是，团队成员间要有良好的配合和沟通，这样模型制作才能顺利进行（图1-14）。

三、建筑模型的作用

建筑模型将实物以三维立体的方式呈现出来，能够直观地观察和理解建筑（包含实体建筑和建筑的概念设计）的造型和结构，在教育、科学研究、展览宣传、土木工程、设计和军事等领域均发挥着重要的作用。

1. 辅助建筑设计，优化和完善建筑设计构思

在建筑设计构思时，二维的设计图纸不能全方位反映建筑的效果，需要制作三维模型来观察和分析设计，在制作模型的过程中，设计师能发现原设计方案的不足，进而对方案进行更正，最终完成建筑设计方案的调整。所以通过实践论证和实物模型可以辅助建筑设计，提高建筑设计的合理性。

图1-13 大连市中级人民法院办公楼模型（大连规划展示中心）

图1-14 水之教堂模型（作者：沈乐怡、邓瑞茜、王文慧）

图 1-15 布基纳法索理工学院模型（设计师：凯雷）

图 1-16 歌剧村一期模型（设计师：凯雷）

图 1-17 高句丽时期的辽东城模型（辽阳博物馆）

图 1-18 过去生活场景模型（大连博物馆）

2. 设计效果展示和表达

建筑模型比图纸的二维效果更具立体表现力，让建筑设计更为直观真实地展现出来，有利于非专业人士理解建筑表达和内涵，方便设计师与建设方、施工方、主管部门等人员之间的沟通。

普利兹克建筑奖获得者迪埃贝多·弗朗西斯·凯雷是非洲第一位获得该奖者。凯雷的设计尊重非洲的文化框架，与当地人合作时，他在现场使用模型与当地人进行交流，当地人感觉更真实。利用实体模型，人们可以更好地从空间上理解建筑（图 1-15、图 1-16）。

3. 指导和辅助施工

在项目的施工阶段，对于一些比较复杂的设计，方案设计者可以将某些复杂的、不容易理解的结构和局部节点单独制作成实体模型，帮助工人理解建筑图纸，进行施工指导。中国第一代核潜艇的设计师就制作了等比例大小的实体木模型以便研究和后续制造。

4. 建筑作品的储存记录

将比较有代表性的建筑制作成模型，能够保存建筑的历史信息。已经损坏的建筑可以通过建筑模型保留建筑的记忆，为后人保存历史建筑的资料。因时代的发展和更新，有些建筑遭受战火而毁坏，有些因自然灾害而消失，有些被人拆除。由于某些原因有些建筑不能恢复和重建，便可以利用建筑模型的方式将其历史信息和记忆保存下来。一些城市的城市规划展览馆会陈列模型作品，记录并叙述着城市的过去、现在和未来发展规划。

高句丽时期的辽东城，位于今辽阳老城区东北部，城址为长方形，有内城和外城。内城偏东北隅，为宫殿建筑，外城为官署和商业区、居民区，城门三座，东西相对，双层门楼。外城城垣有角楼、雉蝶、敌楼和马面等建筑（图 1-17）。

过去生活场景模型（图 1-18）记录着过去人们生活的场景，包括建筑空间布局、生活物品、服饰等等，是过去人们真实的生活写照。

辽阳江官屯窑（图1-19）是全国重点文物保护单位，此窑场始于辽，隶属东京辽阳府岩州。盛于金，归石城县，元废。辽阳地区许多辽金墓随葬瓷器均属此窑产品。江官屯窑为我国重要民窑之一。遗存有窑址、房址、作坊址、灰坑遗迹，有茶器、碗、罐、瓶等日用品，还有黑釉和白釉的玩具，如人物以及犬、马、骆驼等动物。

图1-19 辽阳江官屯窑遗址模型（辽阳博物馆）

5. 建筑模型的教育宣传作用

建筑模型在教育中发挥着重要作用，教师可以利用模型来教学，将复杂的理论，通过模型直观地讲解出来；而设计院校直接开设模型制作课程，用以分析和辅助建筑设计；模型制作者带领大众一起进行模型制作，能够提升大众对建筑的认知度和保护参与度。中国古建筑、古村落的模型承担着宣传民俗文化、讲好中国故事、传播建筑技艺的作用（图1-20）。

6. 商业用途

建筑模型传递着建筑的内涵，可以帮助观赏之人更为直观地了解建筑以及建筑的表达。地产商在销售楼房时，通过建筑模型能够让购房者了解楼盘的规划、建设、未来发展以及销售情况，建筑模型展示的楼盘的户型、每户的布局等信息，帮助购房者选房购房（图1-21、图1-22）。

图1-20 复州古城遗址模型（大连规划展示中心）

图1-21 居住区沙盘模型

图1-22 居住区户型模型

一、根据模型用途分类

现实中建筑模型种类丰富，我们可根据不同方式将模型进行分类。按照用途，建筑模型可分为研究模型和发表模型。

1. 研究模型

研究模型又称草模，主要用于推敲、指导和纠正建筑设计方案，通过制作模型验证建筑设计方案是否合理、是否有问题。研究模型便于设计师在建筑设计过程中建立空间感，能够将二维图形的建筑设计以三维实体的形态展现出来，帮助设计师以三维视角研究建筑设计。发现问题后，设计师可以对实体模型进行修改，再次对建筑设计进行验证。研究模型注重体现建筑设计的整体造型和建筑空间关系，没有过多的细节刻画，比例也不十分精准，多采用易加工的建筑材料，手工制作。研究模型主要根据设计师自身的创意和灵感制作，在设计师研究设计方案时使用。设计师通过制作大量的模型，使得设计过程充满多维视角，让方案更合理，让建筑变得更加美好（图 1-23）。

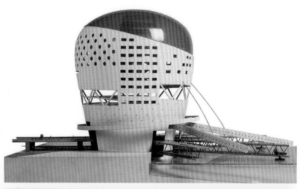

图 1-23 泽布吕赫海运码头模型

2. 发表模型

发表模型指的是在设计方案完成后或建筑竣工之后制作的模型。这类模型常用于向客户解释设计内容，让客户较为直观地了解设计内涵；也有一部分发表模型用于公共的展示和陈设（图1-24），为了让大众了解建筑而制作，还带有一定装饰性目的（图1-25）。

二、根据模型的表现区域分类

根据模型的表现区域分，建筑模型可分为单体体块模型、内部空间模型和规划模型。

1. 单体体块模型

单体体块模型主要表达建筑物的外观造型，以及与周围环境的关系，可用整块材料（如石膏）制作，也可用模型材料进行拼接（图1-26）。单体体块模型主要展现建筑的外观，对于建筑内部的设计和装饰进行次要的表达。

2. 内部空间模型

内部空间模型（图1-27）主要表现的是建筑内部空间，对建筑内部的布局、结构、装饰做较为详细的表达，能够让大众对建筑内部一目了然，如常用于地产销售时的户型模型。在制作过程中，一定要注意尺寸和比例，否则模型会产生不协调感，影响展示效果。

图 1-24 大连体育中心整体规划模型（大连规划展示中心）

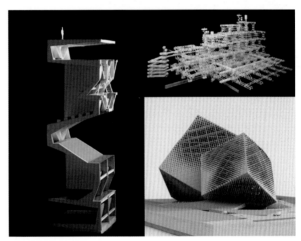

图 1-25 发表模型

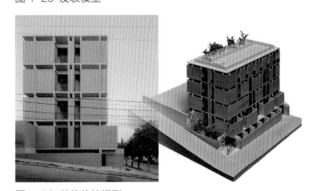

图 1-26 单体体块模型

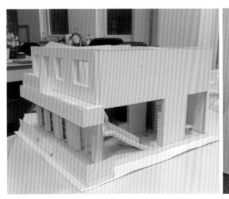

图 1-27 内部空间模型

3. 规划模型

规划模型主要表达规划设计方案，主要表达建筑与建筑之间、建筑与环境之间、道路交通设计间的相互关系（图1-28、图1-29）。

三、根据制作材料分类

按照制作材料分，建筑模型可以分为纸质模型、塑料模型、木质模型及综合模型。

1. 纸质模型

纸质模型的主要材料是纸质材料，纸质材料种类丰富（有卡纸、瓦楞纸、绒纸、牛皮纸等），颜色多样。纸质模型工艺简单，材料切割容易，粘贴方便（图1-30、图1-31）。

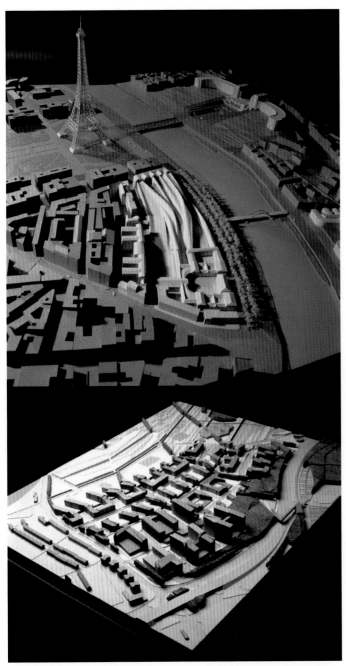

图 1-28 规划类模型（作者：彼得·艾森曼）

图 1-29 海港发展规划模型（大连规划展示中心）

图 1-30 CAFE mountain 模型（荷兰艺术家 Vera van Wolferen）

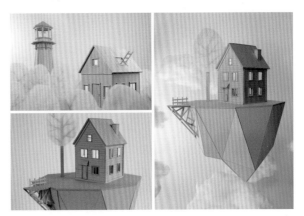

图 1-31 浮岛模型（荷兰艺术家 Vera van Wolferen）

2. 塑料模型

塑料是模型制作常用的材料,包含雪弗板(图1-32)、ABS塑料、PLA塑料、有机玻璃(也称亚克力)等。雪弗板用美工刀便能轻松切割,造价适中,后期可以给予上色处理;ABS塑料和PLA塑料是3D打印模型常用材料。

有机玻璃(图1-33)种类很多,色彩也丰富,质感、表现力和材料平整度等各方面俱佳,配合灯光能营造出良好的视觉效果。有机玻璃对制作工艺要求较高,其本身价格也较贵,所以有机玻璃模型造价相对较贵,常用作长期展示。

3. 木质模型

木质模型给人的亲切感较好,具有很强的艺术表现能力,激光雕刻机切割的常用材料便是椴木片(图1-34)。

4. 综合模型

综合模型(图1-35)即模型在制作时,选用不同材料,综合加工。尤其是景观模型和规划模型,以及地产展示模型一般选用不同材料制作模型不同部分。植物、水景、道路、建筑、地形等分别采用不同材料来表现才能更好地表达相关元素。单一建筑也经常采用不同材料来表现。

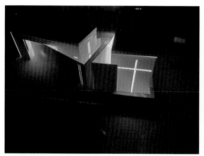 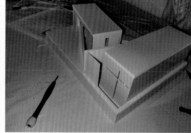 

图1-32 光之教堂雪弗板模型(作者:张瑞宁) 图1-33 有机玻璃模型(大连规划展示中心)

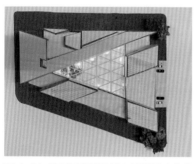  

图1-34 美国国家博物馆东馆模型(作者:郁苗、刘丹)

图1-35 中山广场历史文化街区模型(大连规划展示中心)

在古代，建筑施工时也需要先制作建筑模型，主要用于研究设计建筑方案中遇到的问题以及施工的顺序，那时的工匠们大都会制作模型。现代模型大部分是利用板状材料组装拼接，这受到现代建筑施工方式影响，随着网络发展，建筑模型的材料和工具很容易就能被购买到。随着电脑、绘图软件和 3D 打印技术的发展，机器制作模型的时代已然来临。

一、国外建筑模型发展历程

西方的建筑模型早在远古时期就有雏形，古人基于对宇宙的认识和理解，以及当时的技术条件，制作的建筑模型尺寸比较大。据学者推断，当时古代西方的建筑模型多是等比例的柱头模型，在对模型进行推敲认可后，再进行推广应用。后来，建筑模型逐渐发展，制作技术逐渐成熟起来。西方的建筑模型发展主要经历古希腊、古罗马时期、中世纪时期、文艺复兴时期、包豪斯时期直到现在。

1. 古希腊、古罗马时期

古希腊、古罗马时期的一些书籍中便已出现建筑模型的作品，早在公元前 5 世纪，便有建筑模型的记载，希罗多德（Herodotus）在描写古希腊女性特普斯歌利的一本书中提到制作神殿模型之事。建筑师利用模型制作推敲建筑设计，虽在当时是一种设计尝试，但并不普及。

2. 中世纪时期

中世纪的建筑师们会制作一些建筑模型用来研究建筑结构、推敲建筑材料、进行建筑造价的预算，也用来与客户沟通。哥特建筑时期，布鲁乃列斯基为赢得佛罗伦萨大教堂的设计项目，制作了各种穹顶模型，模型也在教堂后期修建中用于指导施工。布鲁乃列斯基通过三维的建筑模型对教堂进行设计和创作，时常做些大概 1 ∶ 12 的建筑模型，模型采用木质材料，他制作的教堂穹顶模型和教堂后殿的部分模型至今仍完好保存。

3. 文艺复兴时期

文艺复兴时期，欧洲的建筑师们开始普及将模型制作应用到建筑设计的创作中的方法，并对建筑设计起到指导作用。这一时期的建筑思维富于创新和变化，而建筑模型制作利用三维立体的方式，补充了图纸不足的问题，服务于建筑设计研究，提高建筑师想法的可行性和实施性，也变成了设计师与客户沟通的重要手段。这一时期的建筑模型一般采用建筑本身的真实材料按比例来制作，体量上相对较大。同时，这种利用三维制作模型的设计方式也被应用于城市规划设计中。

意大利佛罗伦萨大教堂的设计师是菲利波·布鲁内莱斯基（Filippo Brunelleschi），教堂大穹顶的设计和施工指导是依托建筑模型制作来完成的，穹顶将力分散到穹顶周围，设计师在设计时通过制作模型进行研究，工人在模型成功的前提下进行实际的施工。在意大利佛罗伦萨大教堂附近，人们发现一小型教堂穹顶结构遗址，经考古确认该遗址为菲利波·布鲁内莱斯基设计的佛罗伦萨大教堂穹顶模型。

罗马圣彼得堡大教堂的一个设计方案，设计师为东尼奥·地·圣加洛，虽然该设计方案并没有被采用，却给我们留下宝贵的建筑模型资料，该设计是通过模型制作进行创作，建筑模型作品令人赞叹，如今被梵蒂冈博物馆完整保存下来，模型按照 1：24 的比例制作而成，用时数年。

绘画作品中的建筑模型，多美尼克·克里蒂斯·帕西尼亚诺的绘画作品《米开朗琪罗向教皇保罗五世展示圣彼得大教堂穹顶模型》中，绘画出米开朗琪罗为教皇保罗五世呈现圣彼得堡大教堂的穹顶木质模型的场景，绘画中的模型工艺精巧，结构清晰，细部表现生动。

4. 包豪斯时期

18世纪中期，欧洲各地成立了大量工艺学校，模型制作纷纷被用于各学院的教学中，建筑模型制作在院校中发展起来，教师引导学生利用模型来研究建筑结构、创作设计，模型结构变得复杂，而模型的沟通功能和指导设计的功能不被重视了。直到1919年，格罗皮乌斯成立包豪斯学院，提倡实体模型的指导设计和激发创新的作用，模型重新成为建筑设计的重要工具。20世纪出现了诸多优秀的建筑设计师，他们的作品与时代相结合，富有生命力，而且很多大型竞标项目要求制作建筑模型。现代由于科技的发展，CAD、犀牛、Maya、3ds Max、SketchUp等绘图软件虽被广泛应用于方案设计中，但在实践中，实体模型的地位仍然很重要。

二、我国建筑模型发展历程

我国建筑模型历史悠久，《说文解字》注曰："以木为法曰模，以竹为之曰范，以土为型。"这是我国最早关于模型的记载。常见的古代建筑模型有建筑明器、沙盘、样式雷。

1. 建筑明器

据考古发现，明器是较早出现的模型器具，建筑明器在汉墓里比较常见，特别是东汉（图1-36）。大型汉墓中出土了不少陶制建筑物模型，有灰陶模型和红陶模型，有些模型还涂有一层薄釉。建筑明器并不是作为建筑设计表现的手段，而是作为祭品或陪葬品。

2. 沙盘

沙盘经常被将领用于战争中指挥作战，它能够反映真实的地形，有泥沙、兵棋等形式，并按比例制作，主要用来观察地形、分析战况、排兵布阵、制定作战方案、组织协调作战策略以及平时训练等。

图1-36 汉重檐陶楼（辽阳博物馆）

《后汉书·马援列传》中记载了有关模型沙盘的军事应用。公元32年汉光武帝刘秀准备征讨陇西隗嚣，召对陇西地理比较熟悉的将领马援商讨策略，马援用米堆砌成一个地形的模型，据此分析战术详情。

3. 建筑营造的设计表达——样式雷

建筑模型作为建筑营造的手段在隋朝便已经使用了，当时出现了1:100的模型和图样。样式雷家族主持了清朝200余年的皇家建筑设计，留下了珍贵的建筑资料，包含图样、烫样和遗产，烫样就是模型。清朝皇家建筑师是世袭的，雷氏源于南方，17世纪末建筑工匠雷发达从南方来到北京参加建筑营造，因技术超群被提升任用，从此雷氏共八代服务于皇家营造，如宫殿、陵寝、官府衙门、颐和园、圆明园、避暑山庄、王府等等都由雷氏一族负责营造。

样式雷的烫样（图1-37）是清代的建筑设计模型。烫样就是将实物按比例缩小制作的模型，模型制作的工艺中有一道熨烫工序，故以此称之。烫样主要是给皇帝审阅用，形象逼真、数据精准。现存烫样主要是清同治和光绪年间重建的圆明园、颐和园和西院等的设计模型。

烫样的材料为草板纸、木料、油蜡、秫秸、胶水、沥粉等，木料和秫秸用来制作建筑大木作模型，沥粉用于屋面和瓦垄，模型外观均按建筑实物、质地和色彩绘制，做工精致。主要制作工具有簇刀、剪刀、毛笔、蜡版和小烙铁。

样式雷烫样有三种类型，分别是全分样、个样、细样。全分样是建筑群组、环境规划的模型，注重整体布局，以及单体建筑的外部形象。个样是单体建筑烫样，展示从外到内的各个部分，外部造型、建筑结构、内部布局，而且彩画细致逼真，建筑烫样可逐层揭开观看。细样主要表现局部陈设，细节更加突出。

样式雷图样大部分收藏于北京图书馆本部，烫样收藏于故宫博物院。

三、建筑模型发展前景

科学技术的发展，使建筑模型制作领域得到了发展，激光雕刻技术和3D打印技术丰富了模型制作的手段，也带来模型材料的进步和研发；模型工艺有纯手工也有半机械化的，机械化提高了模型制作的水平，缩短制作时间；网络技术的发展，让大众更加方便地选用模型材料和工具；智能化和动态化成为展示模型的一个趋势，通过智能控制模型的声、光、电、动态变化以及模型外部环境，根据场景需求打造沉浸式氛围体验。虽然技术的发展让传统的手工模型的制作稍显暗淡，但传统手工模型制作依然有其存在的必要性，手工模型通过触感逐步搭建，在制作过程中更能激发设计师灵感，也是重要的教学工具。未来的建筑模型仍是传统手工模型和现代科技模型共存的状态。

小结

建筑模型是对实体建筑的展现，或是对设计师设计思想的表达，其制作要按照一定比例，可真实反映建筑本体或实物，亦可抽象表达。模型的制作要真实感应建筑特征和肌理，最终效果具有艺术性，模型设计和制作要有创新，并具有可实施性。建筑模型能够辅助建筑设计、进行效果展示、记录模型内容的信息，以实体模型的形式留存城市文化，具有一定的宣传作用，在楼盘销售时其商业价值亦十分明显。建筑模型种类丰富、表现形式多样，制作模型时需根据模型预期来确定模型的风格和效果。

图1-37 长春宫烫样

课后思考：

1. 简述建筑模型的特点。

2. 简述建筑模型如何按用途分类，并分别进行解释。

3. 简述国外建筑模型发展历程。

4. 简述样式雷烫样的类型。

5. 简述样式雷对我国建筑的贡献。

项目实训——资料查阅

1. 实训内容

收集建筑模型资料，分析建筑模型的类型、特点和最终呈现方式。

2. 实训目的

让学生加强对建筑模型的认知。

3. 过程指导

（1）资料查询。

通过考察、观展、书籍和网络查询等方式查阅和收集建筑模型资料。

（2）分组讨论。

按照班级学生人数确定具体分组人数，一般 3~5 人为一组；

讨论内容：查阅资料分享，研究不同模型的用途、功能、特点、制作方式等。

4. 实训成果要求

资料整理，总结讨论，将过程和结果以 PPT 的形式进行汇报。

CHAPTER 2

第二章

建筑模型制作
材料与工具

学习目标

通过对建筑模型材料和工具的学习，学生能掌握建筑材料的种类和特征，能够根据模型预期效果选择合适的材料；同时，掌握模型制作的工具种类和使用技巧，能够熟练应用模型工具处理模型材料。

学习任务

1. 掌握建筑模型材料的种类，能够选择合适的模型材料进行模型制作。

2. 掌握建筑模型制作主要工具使用技巧，并能够熟练应用。

3. 能够应用建筑模型材料和工具制作模型。

任务分解（重点、难点）

本章任务分解表详见表 2-1、表 2-2。

表 2-1 第一节 建筑模型制作材料

内容	技能与方法	学习知识点	考核点	重点、难点
纸质材料	掌握建筑模型材料的种类、各种模型材料的特征	卡纸与卡纸板、瓦楞纸、材质纸等纸质材料的特征	能够选择合适的模型材料，并运用材料制作建筑模型	重点：熟练运用模型材料制作模型
木质材料		椴木板、轻木材料、实木板、中密度板、木皮等木质材料的特征		
塑料材质		PS材料、PVC材料、有机玻璃、ABS材料、PLA材料等塑料材料的特征		难点：建筑模型材料的种类和特征
金属材料		金属材料的种类和特征		
其他材料		石膏、海绵、环氧树脂、模型造景泥、模型水景膏、模型造水剂、黏土、橡皮泥、草粉、草皮纸、树粉、成品构件、沙石沙砾的特征		

表 2-2 第二节 建筑模型制作工具

内容	技能与方法	学习知识点	考核点	重点、难点
测绘工具	掌握建筑模型制作工具的名称、特征、种类和使用方法	测绘工具的种类、特征及应用	能够选择合适的模型材料，并运用工具制作建筑模型	重点：熟练应用模型工具制作模型
裁剪和切割工具		裁剪切割工具的种类、特征及应用		
钻孔工具		手钻、钻床等钻孔工具的种类、特征及应用		
打磨修正工具		砂纸、砂带机和砂纸机、锉、刨、砂轮机等打磨修正工具的特征及应用		难点：模型工具的种类、特征及应用
黏合剂		黏合剂的种类、特征及应用		
钉		钉的种类、特征及应用		
上色涂料与工具		模型上色的材料及工具类型、特征和应用		
3D打印机		3D打印机的特征、应用及三维模型绘制的注意要点		
其他工具		切割垫、镊子、台钳、紧固夹、吹风机等工具的特征和应用		

一、纸质材料

纸质材料是较为常用的一种材料，具有颜色丰富、品种多样、肌理也各不相同、表现力好、易切割易加工、上手快、物美价廉等优点，属于基础的模型材料。缺点是纸质材料吸水性强，吸水后纸张扩大，若不做好处理，容易褶皱或变形，其强度低，易破损。常见的纸质材料有复印纸、草图纸、彩纸、牛皮纸、卡纸与卡纸板、瓦楞纸和材质纸等。下面对卡纸与卡纸板、瓦楞纸与瓦楞纸板、材质纸作具体介绍。

1. 卡纸与卡纸板

卡纸（图 2-1、图 2-2）的重量在 $120g/m^2$ 以上，模型常用卡纸重量在 200 克以上，常用厚度在 0.3mm 至 3mm 之间，较厚的卡纸也被称为卡纸板（图 2-3）。卡纸的尺寸规格多样，有 A0、A1、A2、A3、A4 等不同规格。卡纸的颜色丰富，表面无纹理或带有纹理图样。

用卡纸制作模型时，我们可在卡纸表面绘制展开图和切割线，用美工刀进行切割，再进行粘贴。当卡纸厚度不能满足应用时，可将卡纸多层重叠并黏合。切割后的卡纸可用砂纸轻微打磨，能让模型更加精致。

卡纸本身具有一定厚度可直接进行粘贴，但如果卡纸厚度不足，作为粘贴面满足不了需求时，我们需预留粘贴面，保证模型粘贴牢固，而在进行粘贴时，要考虑粘贴面的预留厚度，减少模型制作的误差，以保证模型的细致度、精准度和完整度。

2. 瓦楞纸与瓦楞纸板

瓦楞纸（图 2-4）是由挂面纸加工而成的纸板，瓦楞纸由面纸、里纸、芯纸组成，芯纸又称坑张或瓦楞芯纸，呈波浪形；瓦楞纸板表面是面纸，多层的纸通过黏合而成一体。瓦楞纸一般按层分为单面、三层、五层、七层、十一层瓦楞纸等。建筑模型中常用的为单面瓦楞纸、三层瓦楞纸。

单面瓦楞纸一面呈波纹状，一面由里层和面层两层纸板黏合而成，单面瓦楞纸颜色丰富，由于纸板一面为起伏的波浪状，常用于制作瓦顶和卷帘门。三层瓦楞纸板由三层构成，颜色多为棕色，中间一层为

图 2-1 不带纹理的卡纸

图 2-2 带纹理的卡纸

图 2-3 卡纸板

图 2-4 瓦楞纸

瓦楞芯纸，上下各有一层纸面，每层纸面分别由面纸和里纸黏合而成，面纸在外，芯纸的波浪越密集，强度越高。将瓦楞纸纵向并排放置，制作成沙发和床，能够承受人的重量。

瓦楞纸板有一层波浪形芯纸，因此具有一定方向性，顺纹切割和横纹切割，效果不同，切割难易程度不同。

3. 材质纸

材质纸（图 2-5）是模拟室外真实的砖墙、地砖、木材、石材、拼花的纸，比例多样，规格不等。有些材质纸背面带有胶，可直接粘贴在模型表面。因为模型的比例不同，所以选择材质纸时要选择比例合适的。若是确定不了模型比例，可将材质、纹理、图案打印在纸张上，然后再粘贴于模型表面。

二、木质材料

1. 椴木板

椴木板（图 2-6）是几层薄木胶合而成的胶合板，厚度在 1mm 到 8mm，一般是基数单层板，常见的有三合板和五合板。3mm 以下可用美工

刀切割，3mm 以上用锯子切割。建筑模型的主体结构使用 2mm 左右厚度的椴木板即可。

2. 轻木材料

轻木片（图 2-7）是一种轻且软的板材，用美工刀即可轻松切割，切割后用砂纸打磨，效果更好，轻木片是建筑模型的常用材料。轻木片具有细腻的纹理，可以清晰地看到纹理走向，表面光滑。厚度从 1mm 到 12mm 不等，宽度大多 100mm，长度 500mm 到 1000mm 不等，2mm 厚度以下轻木片可承受不同程度的弯曲，建筑模型主体可用 2mm 厚度的轻木片。

轻木条和轻木棒（图 2-8）用美工刀即可切割，轻木条长度多为 245mm、500mm 和 1000mm，横截面为方形，边长 2mm 到 20mm 不等；轻木棒长度多为 245mm 和 500mm，横截面为圆形，直径 0.4mm 到 1.2mm 不等。

3. 实木板

常用的实木板有松木板和桐木板，也有用原木加工而成的，因为木材有一定的硬度，需要通过锯、刨、磨等方法对其加工处理，可机械加工、可手工加工。

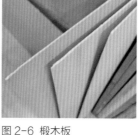

图 2-5 材质纸　　　　　　　　　　　　　　图 2-6 椴木板

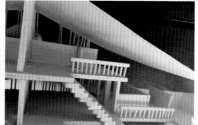

图 2-7 轻木片　　　图 2-8 轻木条和轻木棒

实木条（图2-9）长度从330mm到1000mm不等，横截面有方形和长方形两种，方形的边长从5mm到40mm不等，长方形有4mm×2mm、6mm×2mm、10mm×2mm、6mm×3mm、8mm×5mm、10mm×5mm、20mm×5mm等不同尺寸；实木棒直径6mm到40mm不等，长500mm到1750mm不等。

4. 中密度板

密度板（图2-10）以木质粉末或其他植物纤维、树脂胶为原料，经热磨、干燥、施胶、铺装、热压、后处理、砂光等几道工序加工成型，是一种人造板材。建筑模型常用的密度板为中密度板，可以作为模型底座和主体，能够使用激光雕刻机进行雕刻，常用厚度为1mm、2mm、3mm、4mm、5mm、8mm，尺寸常见为200mm×300mm、300mm×400mm、400mm×600mm、1220mm×2440mm等；中密度板通常为棕黄色，材质细腻，但吸水性较强，建筑模型制作后期可不对模型表面进行处理，也可对模型表面进行喷漆、刷油漆和粘贴贴面处理。

5. 木皮

木皮由圆木旋切而成，仅0.5mm左右的厚度，很薄，纹理多种多样，加工方便，用美工刀可直接切割，表现力强，但吸水性强，也容易变形，常粘贴在模型外层做装饰。

三、塑料材料

1. PS材料（聚苯乙烯材料）

泡沫板，又叫苯板（图2-11），建筑模型常用的为高密度聚苯乙烯泡沫板，不易着色，材质轻，易加工，美工刀即可直接切割，质地相对粗糙，经常用来做模型底座、基础地形、岩石、山体等，厚度3mm到200mm不等，尺寸常见为200mm×200mm、600mm×500mm、600mm×900mm、1000mm×2000mm等不同规格，常见颜色有白色、蓝色、黄色。

KT板（图2-12）是在高密度聚苯乙烯泡沫板两个表面各附上PVC材质的膜，使用时可以把膜拆掉，也可以不拆。常用KT板厚度一般为3mm、5mm、10mm。最大长宽一般为2400mm×1200mm。KT板是制作草模常使用的材料，价格便宜，用美工刀便可轻易切割。

聚苯乙烯材料可以使用喷胶、热熔胶棒、白乳胶、双面胶进行粘贴，502胶对它有一定的腐蚀性，一般较少使用。

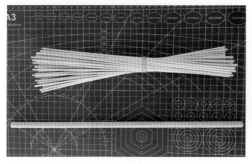

图2-9 实木条　　　图2-10 密度板

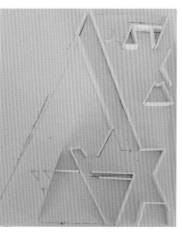

图2-11 苯板　　　图2-12 KT板

2.PVC 材料（聚氯乙烯材料）

透光 PVC 片（图 2-13），有光面和哑光面，全透明、半透明和不透明等种类，厚度在 0.05mm 到 6mm 之间，建筑模型常用厚度 0.5mm、1mm 和 2mm。颜色丰富，有红、蓝、绿、黄、白、粉、紫、金、银、茶色等。用美工刀即可切割，常用于制作模型的玻璃幕墙等部位。

雪弗板（图 2-14）是建筑面常用材料之一，以聚氯乙烯为主要原料，两面为 PVC 贴面，表面平滑，密度高，易塑形，易切割，比 KT 板硬度高，常见的颜色为白色和黑色。厚度在 0.2mm 到 15mm 不等，薄一些的可以弯曲，2mm、3mm 和 5mm 厚度的雪弗板常用作模型材料，用美工刀即可切割，8mm、12mm 和 15mm 厚度的雪弗板可制作广告牌等，可用喷漆和丙烯材料上色。

PVC 水纹纸（图 2-15）是制作水面常用的材料，裁剪容易，可随意弯折，经济实惠，效果好。模型水景的水面纹理仿真制作，有流水纹、湖水纹和细水纹、浪花纹等，使用时根据水景效果选择，因 PVC 水纹纸颜色半透明，可在水纹纸下垫蓝色卡纸或涂刷颜色，以展现水的颜色，也可以直接在水纹纸上上色，上色很方便。

3. 有机玻璃

有机玻璃（图 2-16）亦称亚克力，硬而脆，品种规格均很多，有透明、半透明和不透明三种，颜色丰富，有黄色、红色、橙色、玫红色、紫色、蓝色、黄绿色、绿色、白色、黑色等。建筑模型制作时使用的厚度在 1mm 到 10mm 不等，其中 1mm、2mm、3mm 厚度比较常用。整板的尺寸为 1220mm×2440mm，可用激光雕刻和台锯进行切割，用激光雕刻机进行切割时有较为刺激性的气味，薄一点的可用美工刀进行切割，手工切割时先进行划刻，再根据划痕一遍遍切割，注意不要伤到有机玻璃面，以免造成多余划痕，而破坏其光滑的亮面。有机玻璃高温烘软后可以弯曲制作弧形曲面，也可用透光 PVC 片代替有机玻璃制作曲面。有机玻璃可用 UV 无影胶进行粘贴。

4. ABS 材料和 PLA 材料

ABS 材料（图 2-17）和 PLA 材料都是常用建筑模型材料。ABS 材料是 3D 打印常用的材料，颜色丰富，呈细丝盘状。3D 打印时打印机喷嘴将 ABS 塑料丝加热熔解，打印后立即凝固成型。打印机喷嘴的加热温度需高出 ABS 材料热熔点 1℃到 2℃，且不同的 ABS 熔点不同，所

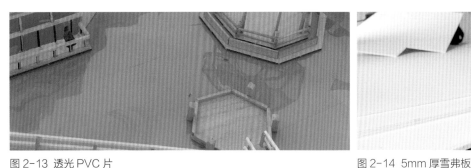

图 2-13 透光 PVC 片　　　　　　　　图 2-14 5mm 厚雪弗板

图 2-15 PVC 水纹纸　　图 2-16 有机玻璃　图 2-17 ABS 材料 3D 打印和 ABS 塑料管

以 3D 打印时需要调节喷嘴的温度，才能够正常打印。PLA 材料也是 3D 打印的常用材料，呈丝状，可降解可再生，是环保材料。PLA 颜色多样，亦有半透明和全透明的特点。

四、金属材料

金属材料（图 2-18）包括钢、铜、铅、铁等材料做成的板材、管材和线材，一般用于制作建筑模型的局部，如柱网、楼梯扶手，但金属材料加工对工艺、技术和工具要求比较高，很难现场加工塑形，一般直接购买成品，再经简单加工成型。铜丝和铁丝容易弯曲可制作植物的枝干，为便于加工，常选用比较细的铜丝和铁丝。金属板材可以用激光雕刻机切割。

五、其他材料

1. 石膏

石膏在成模前是粉状（图 2-19），利用石膏制作模型时，通常先用琼脂制作模具，将加水搅拌后的石膏倒入模具中，等待石膏凝固，石膏凝固后拆掉模具，模具可反复使用。水溶后的石膏能够作为黏合剂，将石膏材料黏合在一起，最终得到模型的制作材料或是成品模型。这种制作模型的方式来源于现浇混凝土的施工方式，只要在模具上下功夫，可以利用石膏制作各种形状的

模型。石膏模型需要等待石膏的凝固，同时需要制作模具，模具的制作是石膏模型需要克服的问题，但只要模具制作成功，便可以制作若干相同的石膏模型。

若是制作微地形和有波浪的水面，亦可不须模板，石膏粉加水搅拌后呈黏稠状，待凝固前可对其塑形。

2. 海绵

海绵（图 2-20），是一种多孔材料，常用的海绵由木纤维素纤维或发泡塑料聚合物制成，海绵松软，有弹性，具有良好的吸水性，能够用于清洁物品。常见的海绵颜色是黄色，也有白色、黑色和粉色等。海绵可用来制作树球、花坛、林带等，制作时，用剪刀修剪海绵，修成预期的形状，一般剪成球形、锥形或其他形状，海绵成型后，再用颜料将其染色。

3. 环氧树脂

环氧树脂材料又称 EP 材料，由树脂、填料、稀释剂、固化剂和增韧剂构成。可以直接购买环氧树脂成品，包含环氧树脂原剂和固化剂。固化剂是一种透明的流动胶液体，使用时可以与环氧树脂色精或色膏在一起搅拌，也可以加入干花、贝壳等填充物，这样环氧树脂便有了颜色。搅拌后，在正常环境中静置一段时间便可凝固，凝固后根据需要可用打磨器打磨，也可不打磨。在模型制作中，环氧树脂常作为水的制作材料，透明

图 2-18 金属制作的老鞍钢工业沙盘局部（鞍钢博物馆）

图 2-19 石膏粉

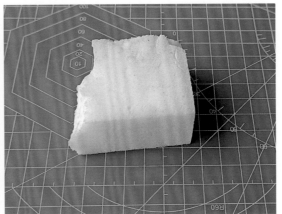

图 2-20 海绵

感极好，制作水时可以放入色精。

环氧树脂具有很强的黏合功能，对各种金属材料（如铝、铁、铜等）、非金属材料（如玻璃、木材、混凝土等）、热固性塑料（如酚醛、氨基、不饱和聚酯等）都有良好的黏结性能，但对聚烯烃等非极性塑料（如ABS材料）的黏结性不好。

4. 模型造景泥

模型造景泥是丙烯酸树脂材质，是制作沙盘、场景的基础材料，可用于雪山、平原、滩地、丘陵、森林、沟壑等地形的制作，无须配比，效果逼真，制作简单快速。模型造景泥膏体柔软，可塑性很好，可做出各种形状，固化后强度高。固化后泥体凝结成硬壳，不粉化不掉渣。模型造景泥颜色丰富，有白色、橙色、沥青色、褐色、黑色、红色、军绿色、深绿色、浅绿色、卡其色、浅黄色、深黄色、深灰色、浅灰色、天蓝色等。

模型造景泥在使用中，若是平地模型，只需直接涂造景泥即可，制作时可以营造地面的凹凸起伏。若是制作复杂的地形，可先在底板或其他材料上堆砌大概的形状作为支撑框架，用塑形布盖在框架上，与框架黏合在一起，干透后与支撑物结合，然后再铺上造景泥，最后可以撒上草粉或插入植被等。

5. 模型水景膏

模型水景膏（图2-21）是模仿真实水景的良好材料，形象生动，效果逼真，用于制作水流、海面、湖面、水花、浪花等水景。水景膏直接购买成品即可，其无毒无味、颜色丰富、具有光泽，

有高透明、半透明、透明深蓝、透明浅蓝、白色等多种颜色。半透明、白色水景膏常用于制作水纹和浪花。

可使用木棍或刷子作为涂抹水景膏的工具。水景膏不能一次性涂抹太厚，需一层一层涂抹，待上一层凝固干透后再涂刷下一层，每层宜2mm至3mm厚，否则，水景膏凝固时间会很长，甚至会超过1天，为减少凝固时间，可用吹风机进行辅助。若制作带颜色的水景，可将水景膏与水性颜料混合，并均匀搅拌后再使用。水景膏也可用来制作喷泉和瀑布，制作前需要用透明材料制作龙骨支撑，然后在龙骨支撑上涂水景膏。

6. 模型造水剂

模型造水剂（图2-22）也是制作水景的材料，液体状态、无毒无味、效果逼真，主要用于制作静态水景，动态水景应选用模型水景膏，造水剂和水景膏可混合使用。造水剂常见颜色有透明、半透明、白色、深蓝色、浅蓝色、湖蓝色、土黄色和蓝绿色等，土黄色造水剂可用于制作池塘等水景。

造水剂的使用步骤是首先清理材料表面，不能有灰尘，否则制作后的水景会显得不干净；其次，若制作带颜色的水景效果，可先在底部涂上不同深浅的蓝色、绿色或其他颜色颜料来作为底色；最后，待底色颜料干透后，再注入造水剂，造水剂需要一层一层注入，待干透后再注入下一层，每层注入厚度为2mm至3mm，可用吹风机辅助，加速凝固，在造水剂半干的情况下可装饰荷花等植物造型。

图2-21 模型水景膏

图2-22 模型造水剂

7. 黏土

黏土（图2-23）是泥土的一种，质地细腻，具有一定黏合性，可塑性强，可重复使用，在塑型过程中可以反复修改、调整，修、刮、填、补都比较方便。黏土比较重，制作时需要先制作骨架支撑，否则水分失去过多容易使黏土模型出现收缩、龟裂、断裂甚至塌陷的现象，不利于长期保存。

图 2-23 黏土

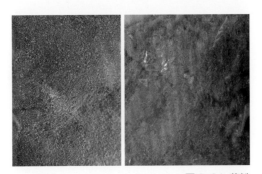

图 2-24 草粉

背面

正面

图 2-25 草皮纸

图 2-26 树粉模型

8. 橡皮泥

橡皮泥也称油泥，它的成分主要有滑石粉、凡士林、工业用蜡等。橡皮泥可塑性强，其黏性和韧性比黏土好，使用方便，不粘手，亦可反复使用，成型过程中可精雕细琢，成型后不易干裂和开裂，刮腻后可以打磨涂饰，制作异形和曲面的模型可选用橡皮泥。

9. 草粉

草粉（图2-24）是尼龙材料，为一种合成纤维，主要用于绿地制作，该材料色彩种类多，有各种绿色、多种黄色、红色、白色、棕色等，草粉常用3mm和5mm的长度。草粉容易起静电，易粘在一起成团，直接用手揉搓即可揉碎。草粉使用方式是，首先清理底板，使之无杂尘杂物；其次，涂刷一层薄薄的白乳胶或喷涂喷胶；再次，将草粉撒在胶上，草粉须撒满，用手压实抹平，确保草粉粘住；最后，将多余的草粉清理掉。

10. 草皮纸

草皮纸（图2-25）是制作模型绿地的另一种材料，该材料使用简便，仿真度高。常见的草皮纸颜色有黄色、白色和各种绿色。制作模型时直接将草皮纸裁剪然后粘贴即可，粘贴时需要把气泡挤压出去，以便粘贴平整，若不方便挤压或不能够挤压充分，可以用针尖将草皮纸鼓包处扎透，再将气泡挤压出去。草皮纸和草粉不同的是，草皮纸用于铺平面绿地，且颜色深浅相同，没有变化，而草粉不仅可以制作平面绿地，亦可制作不平面的绿地，草粉可以随时改变颜色。

11. 树粉

树粉（图2-26）一般由塑料、树脂、泡沫制成，颗粒状，模仿树叶效果较好。树粉整体效果比较蓬松，应用时根据树冠大小，选择不同粗细颗粒。树粉颜色丰富，有黄色、各种绿色、橘色、红色、粉色、白色、紫色、蓝色等，使用时可不同颜色进行搭配。使用树粉自制模型树，可以根据模型需求选择不同的颜色，且性价比高，经济合理。使用树粉需要购买成品模型树干，将树干涂上白乳胶，然后将树粉均匀撒在胶上即可。

12. 成品构件

成品构件（图2-27、图2-28）一般是指做好的成品模型，可以直接购买使用，使用时注意比例，成品构件能够节省制作模型的时间。成品模型有砖、瓦片、栏杆、路灯、车、人、床、建筑等。

13. 沙石沙砾

沙石沙砾（图2-29）用于制作模型沙石沙滩的场景，沙石沙砾的颗粒大小从细腻的沙子到石子颗粒，颜色有白色、褐色、黑色等。制作时需要先涂刷一层白乳胶，然后将沙石铺撒到白乳胶上即可。也可在沙石上继续涂抹白乳胶粘贴沙石，或在沙石上涂颜色，以达到想要的效果。

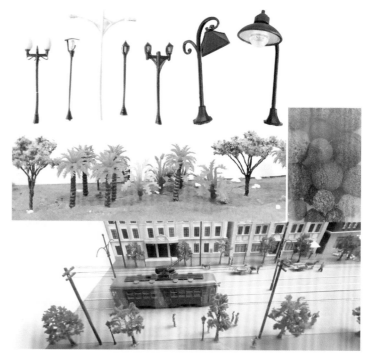

图2-27 室外成品构件

图2-28 室内成品构件

图2-29 沙石沙砾

在制作模型时，模型工具是必不可少的，我们需要掌握模型制作工具的名称、特征、种类和使用方法，方便在模型制作时能够选用适合的工具。

一、测绘工具

测绘工具主要用于测量和确定建筑模型尺寸。建筑模型制作需要按照一定比例将实际建筑尺寸反映出来，制作建筑模型时，需要用测量工具按比例将模型实际尺寸确定下来，用铅笔做上记号后，用切割工具进行切割，再将切割下来的部分进行拼接。建筑模型要尽可能真实地展示设计师想法，表达建筑设计作品的内容，选用合适的比例，确保其准确性十分重要，正确使用测量工具有助于准确把握建筑模型尺寸。

制作建筑模型时，测量精度与建筑模型的制作精度以及建筑模型制作阶段有关。建筑设计的概念模型，其主要作用是展现设计师的初步想法，或是用来讨论建筑设计，所以概念模型多以手工制作为主，突出建筑设计的概念，方便设计沟通和交流，主要展现建筑整体的空间感和建筑布局，此阶段对建筑模型的精度要求并不是很高，即便出现些许误差也是允许的，误差控制在 5mm 以内即可。

那些用于最终效果呈现的展示模型，对模型精度要求较高，不能出现较大误差，误差要控制在 1mm 以内。制作精良的模型多以机械制作为主要手段，建筑细节表达清楚明白，方便设计师、甲方和用户间的交流和沟通，能够让非设计人员更加清楚明白地了解建筑设计的最终呈现。常用的测量工具主要有直尺、丁字尺、三角板、游标卡尺、比例尺、蛇尺、模板、圆规、电子测距仪等。

1. 直尺

直尺是常见的用于测量、放线、制图的基本工具之一，按直尺材料分，直尺主要分为有机玻璃尺和不锈钢尺。有机玻璃尺是透明的，制作建筑模型时，方便测量和画线，但是有机玻璃尺在用于切割材料时，尺边和尺面容易被刀具划伤，甚至被割坏。不锈钢尺（图 2-30）

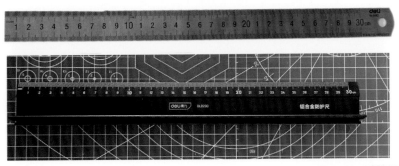

图 2-30 不锈钢尺

具有耐磨、耐腐蚀的特征，不怕切割和刀刃划刻，在切割建筑模型材料时常被使用。两种不同材料的直尺根据用途而进行选择。

2. 丁字尺

丁字尺（图 2-31）也称 T 形尺，由尺头和尺身两部分构成。尺头垂直于尺身，长边带有刻度，为主要工作尺面。丁字尺多为有机玻璃材质。丁字尺一般配合画板、三角板使用，是绘制水平线的常用工具。常见丁字尺规格有 600mm、900mm 和 1000mm。丁字尺要与画板配合使用，将丁字尺尺头放在画板左侧，并与画板边缘紧贴，尺头可顺着画板边缘上下滑动，尺身随着尺头在画板上移动，移动至合适的位置，画线。丁字尺在使用时，应保持尺头与画板边缘紧贴，长边刻度清晰准确。另外，在制图过程中，不能随意更换画板边缘，要从始至终保持画板同一边缘滑动，目的是减小测量和绘图的误差。若用丁字尺作为裁切时的靠尺，则尽量使用无刻度的一侧，否则美工刀会很容易划坏刻度和丁字尺尺面，导致该丁字尺无法再使用。

3. 三角板

一组三角板（图 2-32）包含两种规格，一个是 45° 等腰直角三角板，另一个是 60° 和 30° 三角板。三角板通常是亚克力材料，常用于绘图和测量，也有木制三角板，一般是课堂教学工具。三角板主要用于度量、制图和模型放样，制图时常与丁字尺配合使用，丁字尺绘制水平线，三角板绘制垂直线。绘图时，将三角板其中一直角边靠在丁字尺带刻度的一边上，三角板随着丁字尺移动到合适的位置，按住三角板然后进行画线，画线时应保持画面整洁，一般按照从上往下、从左往右的顺序进行画图，丁字尺和三角板不能在图纸和模型材料上随便移动，以免弄脏图纸和模型材料。

亚格力的丁字尺和三角板是制图中常用工具，需要保证其刻度清晰准确，无凹陷和锯齿。

4. 游标卡尺

游标卡尺（2-33）可以相对精准地比对刻度，有带数码显示表的游标卡尺，它比传统的游标卡尺更容易读取数据，减小误差。制作建筑模型时，一些精细部位的制作需要用到游标卡尺。

5. 比例尺

比例尺（图 2-34）是三棱柱体的尺子，有三个尺寸面，六种不同的比例。建筑设计中比例尺为百分比例尺，常见的比例有 1:100、1:200、1:250、1:300、1:400 和 1:500。规划设计中比例尺为千分比例尺，常见的比例有 1:1000、1:1250、1:1500、1:2000、1:2500

图 2-31 丁字尺

图 2-32 三角板

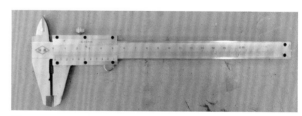
图 2-33 游标卡尺

图 2-34 比例尺

和 1：5000。在模型制作中，比例尺方便我们确定图上距离。

6. 蛇尺

蛇尺（图 2-35）是一种测量和绘制曲线的工具，蛇尺可以根据需要任意弯曲。蛇尺规格多种，尺身长度有 300mm、600mm、900mm 等。

7. 模板

模板（图 2-36）主要用于绘制、测量图和放样模型材料。模板中现成的图形图案，绘图时可以快速复制所绘图形，可以提高手绘的效率。模板种类多样，有曲线模板、圆形模板、建筑模板和工程模板等；模板材质有有机玻璃材质的，也有不锈钢材质的。

8. 圆规

圆规是用于绘制圆或弦的常用工具。圆规一般有两个脚，其中一脚是针尖，另一脚用于安装画圆的工具。

9. 电子测距仪

电子测距仪有超声波测距仪和激光测距仪两种，是一种新型测距工具，可快速测量距离，方便快捷、误差小。

二、 裁剪和切割工具

当用测绘工具绘制完模型切割线后，便需要用裁剪和切割工具对建筑模型的原始材料进行切割，使模型材料加工成所需要的形状。选择合适的裁剪、切割工具，会使建筑模型的制作事半功倍。裁剪、切割的工具主要包括刀类工具、锯类工具和机械类切割工具。刀类工具常见的有美工刀、钩刀、手术刀、刻刀、剪刀等；锯类工具常见的有手锯、电动手锯、曲线锯、带锯、电热丝切割机和激光雕刻机等。

1. 美工刀

美工刀（图 2-37）是建筑模型切割时常用的工具。我们需要了解美工刀的结构和特征，以及掌握正确的使用方法。美工刀一般由刀柄和刀片组成，可抽拉，使用时将刀片推出来，不使用时将刀片推进刀柄内，以免造成损伤。美工刀的英文是 retractable knife，意思是自由伸缩的刀。美工刀刀片为钢制刀片，刀片上有刀身划线，刀片使用一段时间后，刀锋会变钝，这便需要将刀片沿划线折断，折断后继续使用新的刀锋，直到用完更换新的刀片，非常方便。

这种刀身上有划线的切割刀是 1956 年爱利

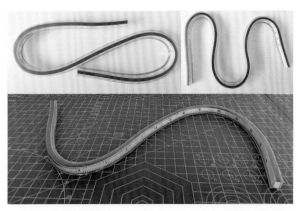

图 2-35 蛇尺

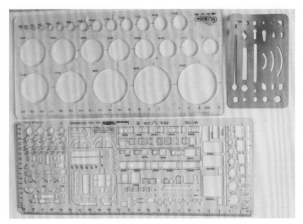

图 2-36 模板

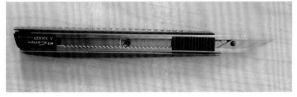

图 2-37 美工刀

发公司 (OLFA CORPORATION) 的创办人冈田良男发明的。设计灵感来自于他看到鞋匠用一块块碎的玻璃当作刀片来使用，同时联想到可一块块掰开的条形巧克力。爱利发（OLFA）的本义为折断，现在，大多美工刀都采用这种形式，冈田良男所设计的刀片长宽高规格，以及不同型号也成了世界标准，爱利发品牌的刀片，也是常用的美工刀刀片品牌，刀锋锐利，折断时不易伤手，切割效果好。

常见的美工刀刀片有 30° 角（图 2-38）和 60°（58°）角的规格。根据建筑模型美工刀的操作经验，30° 角的刀片使用起来更为方便。在购买美工刀时，还要注意自身左右手的使用习惯。

美工刀尾部带一刀片折断器，折断器的中间有一缺口，该缺口就是用来折断刀片的。将刀片放到缺口中，刀身划线要与缺口平行，这样更易于折断，也能保证刀片折断后不易飞散。利用折断器折断刀片，若是掌握不好方法，很容易弄坏折断器，自己也容易受伤，所以折断刀片时一定要保护好自己。折断刀片也可以用钳子作为工具，这样更加安全。废刀片不要随便丢弃，要放到专门的垃圾容器中。

手工建筑模型中的材料基本上都可用美工刀进行切割。所以建筑模型制作的效果，很大程度取决于切割和后期加工的技术。用美工刀切割建筑材料时刀片要与切割面成 45° 角，美工刀刀片不要伸出太长，伸出一两个刀身划线即可。刀片伸出太长，切割时刀片容易弯曲，导致不敢用力，稍微用力容易折断，很危险。切割时要稳，一只手切割，另一只手固定尺子和建筑模型材料，用刀不稳无法切割出平整的直线。

刀锋钝了要及时更换，不要使用不锋利的刀锋，一是使用不锋利的刀锋，切割时掌握不好力度，容易滑出切到手指；二是切割出来的直线不够平整，且容易出现毛刺，所以切割材料要及时更换刀锋，保证其锐利度。用美工刀切割材料时，切割一次不一定会将材料切断，在同样的位置以同样的力度切割 3~4 次，将材料切断，可以保证切割直线的完整性。切割速度不宜过快，否则容易偏离方向。材料切割要保证完全切割后再进行

下一步，避免切割未完全，半连接状态时对建筑模型材料进行拉扯、撕开或掰断，容易造成切割失败，损坏模型材料。

2. 钩刀

钩刀的刀头呈回钩状，主要用于切割有机玻璃、亚克力板材等。在切割的过程中不要晃动，这样材料切割出来的效果才好。钩刀在使用时，用力要均匀，在切割曲线时，应分段进行。对于塑料板材料，可以划出一定深度痕迹，便可以用外力掰开，再用打磨工具打磨一下，就可顺利切割完成。

3. 笔刀

笔刀（图 2-39）刀头锋利，方便切割，更换刀片时将金属笔头旋转拧开，将刀片插入笔头中，再拧紧即可。

图 2-38 美工刀片

图 2-39 笔刀

4. 手术刀

手术刀亦是常用的切割工具。手术刀虽是外科手术刀具，但刀具轻巧，刀刃锋利，可以在建筑模型材料上进行精细切割。手术刀分为刀柄和刀片两部分，刀柄有不锈钢或塑料材质，刀片为不锈钢材质，并有大小不同型号，当刀片变钝时要对刀片进行更换。

5. 木刻刀

木刻刀（图2-40）适用于木模型的雕刻加工。木刻刀有平口刀和斜口刀两种，使用木刻刀时，不要撬动，应匀速慢点推刀，才能刻出比较好的效果。

6. 剪刀

剪刀是剪裁模型材料的工具，型号多样，主要用于纸张、胶片等轻薄材料的曲线裁剪，而直线切割推荐用美工刀。

图 2-40 木刻刀　　　　图 2-41 手锯

图 2-42 曲线锯

7. 手锯

手锯（图2-41）一般有木锯和钢锯两种。手锯的锯片长度和锯齿规格多种。木锯锯齿比较粗且比较大，适用于切割实木板、木芯板和纤维板等材料，对比钢锯，锯切速度快。使用木锯时，用力要稳且均匀。锯刃变钝需要锉齿。在切割木质材料时，会产生一定的摩擦力，摩擦力会生成一定热量。钢锯锯齿较小，适合切割金属、塑料等质地较为密实的型材，也可切割木质材料和PVC类材料，切割类型较广。

切割材料时要选择合适的手锯规格。切割前要在材料上进行定位和放线，预留出相应的手锯切割损耗，木材的损耗预留量在1.5mm至2mm，金属和塑料的损耗预留量为1mm。手锯切割长度不宜过长，以免材料产生裂口，锯切后应用砂纸打磨。锯切时应将被切材料固定，开始锯口时要控制好切割方向，切速相对慢些，切至末端时切速也应放缓，防止材料末端劈口。

8. 电动手锯

电动手锯是电动切割材质的工具，适用范围广，可在切割时任意转向，切割速度快，可对材料进行粗加工。切割木材时会产生大量木屑，切割时应戴上防护口罩，以免吸入过多粉尘。

9. 曲线锯

曲线锯（图2-42）也称线锯，有手动也有电动，能够根据需要切割直线、曲线和各种图形，可以切割木质类和塑料类材料。使用曲线锯时，要根据需要更换不同规格锯条，以保证建筑模型的制作精度。

在模型制作中，常使用曲线切割机，曲线切割机又被分为电热曲线切割机和机械曲线切割机。电热曲线切割机是通过加热电阻丝切割PS块材和板材，PS材料遇热会快速熔化，所以很适合利用电热曲线切割机进行切割。机械曲线切割机通电后开启开关，锯条便会上下移动，通过移动材料进行切割。切割前应在被切材料上放样，切割时要保持镇定，注意安全。

10. 带锯

带锯（图2-43）主要用于加工木质类材料，可以切割刨花板、大芯板和中密度板等，多用于切割直线，带锯操作简单，易于掌握，常用的是台式电动带锯。

11. 电热丝切割机

电热丝切割机，主要用于切割聚苯乙烯泡沫（即塑料泡沫）。它可以对塑料泡沫材料进行简单且准确的切割，切割速度快，可以切割块体，常用作城市模型建筑单体的切割以及制作体块模型。电热丝切割机由切割平台和细电阻丝组成，通电加热后即可切割。电热丝切割机的原理是用高热电阻丝燃烧塑料泡沫进行切割，因此使用电热丝切割机切割应预留切割缝隙，以免累积误差过大。切割应匀速推进，不停留过长时间，否则细电阻丝容易被拉断。

图 2-43 带锯

12. 激光雕刻机

激光雕刻机（图2-44）采用计算机数控技术，将CAD软件与计算机数字控制切割技术结合，将CAD绘制出的建筑模型展开图，运用激光雕刻机进行切割，再将切割下来的材料进行组装和拼接。激光雕刻机制作建筑模型精度高、速度快，已成为建筑模型制作的常用工具。适用激光雕刻机切割的建筑模型材料有椴木板、桐木层板、轻木板、密度板、奥松板、中纤板、PVC材料、亚克力材料、ABS板、雪弗板、PVC发泡板、安迪板、卡纸、牛卡纸等（图2-45）。

图 2-44 激光雕刻机

激光雕刻机最小切割宽度大于等于1mm，对绘制的CAD展开图有一定要求，一是绘制的每一条线要明确，不能重合，切割图形须为闭合线；二是CAD绘制的线条不能过于密集，否则无法切割，CAD绘制的每个展开面之间得间隔2mm以上；一个展开面内的线，其最小线间距不低于0.8mm，所有图块必须炸开，文字也要炸开成图形线，完全切割和不完全切割的线型要按照激光雕刻机的设定进行设置，如切透用白色线表示，不切透用红色线段表示；三是根据绘

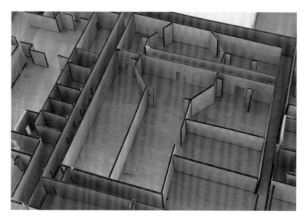

图 2-45 激光雕刻机制作的模型

制的展开图的大小，确保每一个展开图有2~5个断点，这个断点称为连接桥或断口，连接桥的目的是避免切割后，材料掉落机器中，导致后期拼接材料时不方便寻找，甚至导致丢失材料或错粘等现象。连接桥的尺寸最好大于0.6mm且小于1mm，板材越厚，连接桥可越短；四是使用激光雕刻机进行完全切割，会产生切割缝，切割缝宽0.2mm~0.5mm，材料板越厚切割缝越宽，但制作建筑模型时可忽略不计，导出的CAD最好是T3格式；五是使用激光雕刻机制作模型，要对模型的最终形态有总体把控，模型的每一个细节，都应展现在CAD图纸上。

需要注意的是，像护栏、栏杆和窗户等图形中比较密的线，一般情况下线与线的距离不能小于1.2mm，若选用PVC材质进行激光切割，则线与线之间的间距不能小于2mm，根据激光雕刻机的要求进行线的颜色设置，如果是填充图案，要将填充的图案炸开，分解成一条一条的线，并用绿色表示。

另外，激光雕刻的原理是高温非可见光气化切割模型材料，未达到切割目的，会有烟尘残留，尤其是激光雕刻木板和卡纸的时候，木板和卡纸的背面会出现烟尘和烧焦的味道，烟尘残留在模型材料上，模型的材料边缘也会有灼烧的痕迹，属于正常现象，稍作处理即可。激光雕刻后，在拼接模型材料前需要对连接桥进行处理，先用美工刀把连接桥切断，将建筑切割后的模型材料取下，然后用砂纸打磨手工切割的地方，处理好后，清除灰尘，再进行拼接。

模型材料椴木板、ABS板、亚克力板的CAD排版要求如下：

椴木板的CAD排版要求保留0.6mm~0.8mm的连接桥，板子越厚，连接桥可越小，根据展开图的大小，保留1~5个连接桥，一般保留1个即可；刻透线间距不小于2mm，刻痕线间距不小于1mm；所有图样炸开，不能有重线，展开图之间的间距不小于2mm，一般激光雕刻时，激光损耗0.2mm~0.5mm，普通模型无须考虑损耗。

ABS板的CAD排版要求ABS板厚尺寸大于1.1mm，完全刻透线的长度最小尺寸为2mm；ABS板厚3mm，完全刻透线最小尺寸长度大于1.7mm，ABS板厚4mm~5mm，完全刻透线最小长度尺寸大于2.1mm，刻线间距不能小于1mm。2mm以下板厚，展开图间距不宜小于5mm，3mm以上板厚，展开图间距不宜小于8mm，所有图样炸开，不能有重线，ABS无须绘制连接桥，图形必须闭合。

亚克力板的CAD排版要求刻透线间距不宜小于2mm，刻痕线间距不宜小于1mm，连接桥长度为0.6mm~0.8mm，连接桥数量1~5个；亚克力板厚度在3mm以上，则无须留有连接桥，所有图形需炸开，不能有重线，展开图之间的间距不宜小于2mm，建筑模型制作无须考虑激光雕刻时的损耗，损耗为0.2mm~0.5mm。亚克力板在进行激光雕刻的时候会产生刺激性气味，需要保持室内通风良好。

三、钻孔工具

钻孔工具是建筑模型材料主要的加工工具，常见的有手钻和钻床。

1. 手钻

手钻是常用的钻孔工具之一。对建筑模型中的镂空制作，钻孔是常用的方式。另外，通过手钻钻孔打眼，再用螺钉、螺帽将模型材料连接。常见的手钻有手摇钻和手提电钻。使用手钻时，若钻头变形、变钝要立即更换钻头，以免破坏模型，甚至受伤。手摇钻通过摇柄来钻孔，钻孔时没有噪声，常用于木材、软金属和塑料等硬度不高的材料上。手提电钻是高硬度材料加工最常用的钻孔工具，连接到电源，按动开关，即可实现钻孔，可用在金属、木材、塑料等各种材料上。手提电钻（图2-46）钻孔效率高，效果好，使用灵活。使用手提电钻钻孔时，要先试钻一下，确保电钻使用正常，进钻时，力度均匀不要过大，以防受伤。钻孔产生的钻屑应用专用工具清理。

2. 钻床

钻床（图2-47）是使用广泛的钻孔机床，使用钻头对材料进行钻孔、扩孔、铰孔等加工。钻孔时，物件固定，刀具移动。钻床主要有立式钻床、台式钻床、铣钻床等。立式钻床的工作台和主轴箱可以在立柱上垂直移动，常用钻孔规格有25mm、35mm、40mm和50mm等。台式钻床有一个工作台面，台面上是小型的立式钻床，常用来钻小孔。钻床由于转速快，操作前必须检查设备本身和防护是否完好，检查钻头是否磨损。钻头磨损需要对其进行更换，根据钻孔大小，选择合适钻头。手动进刀按逐渐加压和减压的方式进行，避免用力过猛，以免破坏材料，造成事故。钻床开动后，禁止接触刀具和钻床上面的转动零件。钻孔时若发出不正常的声音，应立刻停止钻床进行检查，钻孔结束后，及时关闭电源。

四、打磨修正工具

模型材料切割完毕后，一些要求不严格的模型，可直接进行拼贴；而制作精细的模型需要对其进行打磨修正，以保证模型的最终效果，尤其当选用比较粗糙的模型材料时，更应对其进行打磨。常见的打磨修正工具有砂纸、砂带机和砂纸机、锉、刨子、砂轮机等。

1. 砂纸

砂纸分为水磨砂纸和干磨砂纸，水磨砂纸也称为耐水砂纸。耐水砂纸的原纸采用的是耐水材料，使用时可一边打磨一边用水冷却，用水冷却一是可以降低因打磨产生的热量，二是和水一起使用，砂纸打磨出的碎屑会随着水流出，从而增加砂纸的使用时长，水磨砂纸也可以干磨，但碎屑会附着在砂纸砂粒上，降低砂纸的打磨效果，缩短砂纸的使用寿命。干磨砂纸的原纸是普通纸，常用于杠的打磨和抛光。砂纸的类型有砂布卷（图2-48）、圆盘砂纸、海绵砂块、矩形砂布、矩形砂纸等。

常见的砂纸标准有两个，一是美国涂层磨料制造商协会（CAMI）砂纸的等级标度，用"目"来表示。目数越高，砂纸颗粒越小，砂纸粒度越细，砂纸越细腻。反之，目数越低，砂纸颗粒越大，砂纸越粗糙。24~36目之间属于超粗砂纸，可用于脱皮；40~50目属于粗砂纸，可对木材进行粗加工；60~100目属于中砂纸，可以对粗糙木材进行初步打磨，打磨掉木材上的痕迹；120~220目属于细砂纸，是对材料加工完成前的最后打磨；240目、320目和400目是非常细的砂纸，600目砂纸适合抛光。在模型制作中，要先用粗砂纸开始打磨，然后再用细砂纸打磨，以使表面光滑。

另一个砂纸标准是欧洲磨料生产商联合会

图2-46 手提电钻

图2-47 钻床

（FEPA）的标准，以字母"P"来表示。以下列举几个常用的CAMI标准和与之对应的FEPA标准，40目对应P36或P40；100目对应P100或P120；220目对应P180或P220；400目对应P600或P800。

根据建筑模型制作需要选择不同型号的砂纸，要先粗磨再细磨，根据需要决定是否抛光，最后成型，有些建筑模型切割后直接细磨即可。材料越软越好打磨，但也容易留下划痕，所以较软的材料在细磨后要进行抛光处理。打磨时应用力均匀细致，边缘要平，弧线要顺畅。

2. 砂带机和砂纸机

砂带机（图2-49）和砂纸机（图2-50）是一种电动的砂带砂纸打磨工具，适用于打磨和抛光。砂带机换上合适的砂带规格即可使用，操作简便，打磨速度快，效果好，但操作时避免手接触到砂带上，以免受伤，当砂带机打磨不出想要的效果时，应及时更换砂带。

3. 锉

锉（图2-51）分普通锉、什锦锉和特种锉，是常见的打磨工具。锉刀的纹路有单纹、多纹、复合交错纹和鬼目纹。单纹锉刀朝同一个方向；多纹锉刀其纹路交叉成菱形，锉削性能好；复合交错纹是在单纹纹路之上交错有间距大且深的纹路；鬼目纹纹路像擦萝卜丝的工具。普通锉按锉的形状分为平锉、方锉、三角锉、半圆锉（图2-52）和圆锉五种。平锉用来打磨平面，也可以打磨弧面；方锉用来打磨方孔和凹槽等；三角锉常用来打磨内角及接口等部位；半圆锉可用来打磨凹弧；圆锉用来锉曲线、圆孔、凹弧和椭圆。什锦锉主要用于整形，对模型进行精细的修正和打磨。特种锉用来处理特殊表面，有直形和弯形两种。锉的型号大体有3mm×140mm、4mm×160mm、5mm×180mm三种。

图2-48 砂布卷

图2-49 砂带机

图2-50 砂纸机

图2-51 锉

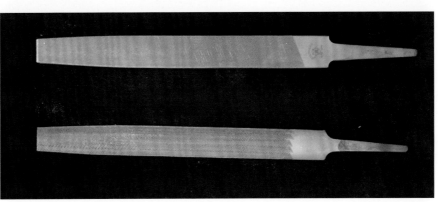

图2-52 半圆锉

4. 木工刨和电刨

木工刨（图2-53）和电刨主要用于削木头或平整木板和木方。传统木工刨有平刨、拉线刨、鸟刨等。平刨分长平刨和短平刨，长平刨用于平整大面木板，属于粗加工，短平刨用于精加工。平刨的结构有刨身、刨刃、压盖（盖铁）和木楔，刨身多采用水曲柳等硬质木材制作，主要是用来确保刨身耐用不变形，刨刃一般用钢制成。拉线刨主要用于平刨窄边，如阶梯状地刨平。鸟刨主要用于曲面刮削。电刨是手持式电动刨削工具，效率高、刨削平整、效果好。

5. 砂轮机

砂轮机（图2-54）是常用的修正打磨机器，有台式、立式、手持式和悬挂式等。砂轮机加工精度高，且速度快。根据模型材料选用粗细合适的砂轮，若需要表面被打磨得更光滑些，需要使用细砂轮。为了保证打磨质量，砂轮不得有裂痕和破损，若发现损坏应更换砂轮。操作时应戴防护眼镜。发现故障，及时修理。

五、黏合剂

在对建筑模型切割打磨后，需要将其拼接在一起，建筑模型常用的方式是使用黏合剂。黏合剂的黏合方式主要有一般黏合和感压型黏合两种，感压型黏合是利用双面胶或纸胶带进行黏合。一般黏合剂有三类，一是溶剂挥发型黏合剂；二是热熔融型黏合剂，热熔融型黏合剂是先将黏合剂加热至融化，将融化后的黏合剂涂在建筑模型材料上，冷却后即可黏合；三是沾水型黏合剂，黏合剂沾水后便具有黏合性能。黏合时将两个面黏合在一起，黏合剂的黏合力不是集中某一点上，而是分散到黏合剂铺开的面上，这种黏合方式相对稳定。

1. 白乳胶

白乳胶（图2-55）是使用十分广泛的一种黏合剂，呈白色黏稠状液体。白乳胶在常温下可

逐渐固化，黏接效果好，安全无毒。白乳胶有多种，有些白乳胶凝固后呈透明颜色，有些白乳胶凝固后则仍呈白色。白乳胶在使用前需要将材料表面清理干净，然后将白乳胶均匀涂抹在黏合面上，涂抹的白乳胶不宜厚，薄薄一层即可，微干时将两个面黏结在一起。白乳胶凝固需要时间，大面积粗糙面的黏合，在涂抹白乳胶时，白乳胶会渗到粗糙材料的缝隙中，所以凝固时间较长，有时甚至需要几小时，在白乳胶凝固期间需要将两个

图 2-53 木工刨

图 2-54 砂轮机

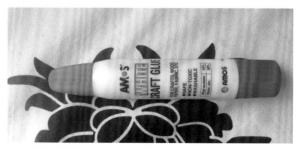

图 2-55 白乳胶

面完全接触并固定；小面积涂抹较薄一层白乳胶，只需几分钟便可凝固，黏结效果好。白乳胶含水量较大，黏结纸质材料时，将白乳胶涂抹在纸张上，纸张会涨开，待凝固后，纸张会收缩。如果将纸张和 KT 板之类的模型材料结合，KT 板两面均应粘贴该纸张，若只粘贴一面，待白乳胶凝固后，KT 板会因为纸张收缩而弯曲，另外，用白乳胶黏结后凝固前，应用重物覆盖，这样黏结效果会更好。若将纸张与硬挺类的建筑模型材料结合，则黏结一面即可。白乳胶是水溶性胶，若使用的是灌装白乳胶，放置一段时间，容易结皮，可在未用完的灌装白乳胶上洒一层水，待再次使用时搅拌均匀，这样能更有效的保管白乳胶。

2. UHU 胶

UHU 胶（图 2-56）简称为 U 胶，用途广泛，是现阶段建筑模型制作最常用的黏结剂，黏接强度高，粘贴后不会马上凝固，有短暂的凝固时间，有利于模型的固定。UHU 胶是黄色铝管包装，使用简便，透明色胶状体，不留胶痕，黏结小部件比较方便。UHU 胶可粘贴多种材料，如木材、PVC、轻木板、金属材料、皮革、有机玻璃、KT 板等。UHU 胶黏结时有拉丝线，制作模型时须注意清洁美观。

3. 502 胶

502 胶（图 2-57）使用方便，是一种十分理想的黏结剂，可以瞬间固化，常用于小面积的黏合。502 胶无色透明、低黏度但黏合力强、不可燃、易挥发、有刺激味。502 胶黏结强度高，不变质，可黏结钢铁、有色金属、陶瓷、玻璃、木材、皮具、塑料等各种材质，但对泡沫、KT 板等 PS 材料有腐蚀作用。使用前应先清洁结合面，一旦涂抹 502 胶便不再方便清洁，薄薄涂一层即可，黏结时适当施压，直到牢固。

502 胶刺激性极强，使用时需要小心，避免触碰眼睛，若不小心刺激到眼睛，应立即用大量清水冲洗，严重者须及时就医；502 胶流动性大，容易伤手，502 胶接触手部，立即用肥皂水洗净。502 胶保存应避免高温，不用时及时封好瓶口，最好放置于冰箱内保存，若再次使用时，502 胶的黏结性能已经达不到要求，则需要使用新的 502 胶。

4. 495 胶

495 胶是无色透明液体，可以黏结金属、塑料（ABS 材料、PVC 材料等）、橡胶。其胶体流动性小于 502，使用时更容易掌控，可作为 502 胶的代替品。

5. 氯仿

氯仿也称三氯甲烷，为无色透明液体黏合剂，易挥发。但氯仿有毒，使用时带好口罩，注意室内通风，并避光保存。氯仿对有机玻璃板、ABS 板等建筑模型材料有很好的黏结作用。

6. 喷胶

喷胶是制作建筑模型常用的一种喷雾胶，对于大面积黏结面效果较好。喷胶是气雾罐装，上有喷嘴，使用时只需手指一按，喷胶即可喷出，喷后速干、初黏性强、快捷干净。喷胶类型多种，有 77# 喷胶、75# 喷胶、67# 喷胶和绣花喷胶。77# 喷胶的黏性极大，粘上了就不能再撕下来；75# 喷胶属于不干型喷胶，胶性强度适中，胶性持久，可反复粘贴黏结面，重复定位；67# 喷胶适用于较薄物质粘贴，性能稳定，胶质颗粒均匀；绣花喷胶适合粘贴布绣面料，能保证有充足的定位时间。

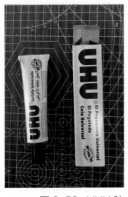

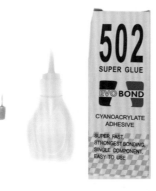

图 2-56 UHU 胶　　　　图 2-57 502 胶

使用喷胶前，先检查喷枪功能的完好性，如有积水应排除积水，同时检查建筑模型材料表面是否干净，若有污垢、灰尘或杂质需要进行清除，在喷涂前先摇晃几下喷胶罐，喷嘴与模型材料表面垂直，且距粘贴面0.5m左右的距离，然后均匀喷涂，不积胶、不缺胶，胶层不宜太厚，黏合时适当加压，黏合效果更好，待十几秒后即可黏结，使用后倒置喷灌，向下方空喷2到3秒，以清除喷头余胶，若喷头堵塞可用酒精或去渍油清洗。

喷涂喷胶，若胶层太薄，黏结力不够；胶层太厚，会增加成本、胶干速度变慢等，也容易造成积胶，影响黏合效果；胶层喷涂不均匀，会造成积胶、容易出现部分弹开的现象，影响黏结质量。喷胶适应性广，可用于大面积喷涂纸张、塑料、纸板、泡沫、KT板、金属以及其他材料。

7. 热熔胶

热熔胶（图2-58）常用的是热熔胶棒，热熔胶棒需要配合胶枪一起使用。将胶棒插入胶枪中，加热胶枪，胶棒溶解成液体，从枪嘴中流出，即可黏结，黏结速度快，无毒无味，强度高。胶棒规格要与胶枪型号配合，常用胶棒规格是7mm~7.5mm，也有10.8mm~11.5mm的尺寸。使用胶枪前，先将胶枪通电，打开开关，指示灯亮起即工作状态，反之则未在工作状态，将胶棒插入胶枪后，扣动几次扳机，使胶棒完全进入胶枪的胶管内部，将胶枪预热3~5分钟后，再一直扣动扳机直至胶水从枪嘴中流出，不用时放开胶枪扳机即可，胶枪在停止15分钟后必须切断电源，以免溢胶。胶枪使用后关闭电源即可，无须清洁胶枪和枪嘴中的胶，也不用将剩余胶棒从胶管中拔出。

使用胶枪，常出现漏胶问题，该问题属于正常现象，因为刚打完胶，内部的剩余胶水会因惯性而流出来一些。第一根胶棒完全插入胶枪后才可插入第二根胶棒。胶枪应用广泛，可黏结木材、塑胶、塑料、玻璃、陶瓷、皮革、金属、布料等材料。胶枪适合于点粘或线粘，胶水流出后，应迅速粘贴，多余的胶立刻清理，以免凝固后留有大量残余，影响模型效果。

8. 双面胶

双面胶（图2-59）是建筑模型常用的带状黏结材料，使用方便，黏合没有痕迹，但双面胶耐久性不强，时间久了会自行脱离，适合临时粘贴固定，连接与分离都很方便。双面胶以普通纸或玻璃纸作为芯体，在芯体两面涂上黏结胶，最外侧为一层可剥离的纸。双面胶通常成卷状，胶带宽度不等，宽度为2mm~100mm，厚度有薄厚之分，最厚可达3mm，双面胶适用范围广，常用于纸类和KT板等材料的黏结。

9. 纸胶带

纸胶带（图2-60）多以美纹纸和压敏胶水为主要原料，是一面具有黏结能力的带状胶带。纸胶带使用方便，撕除后不留痕迹。常用于模型上色的操作过程中，模型上色时需要将无须上色的边缘遮挡住，上色后撕掉纸胶带，以免上色边缘模糊，界限不清晰。纸胶带也可用于两种模型材质黏结。

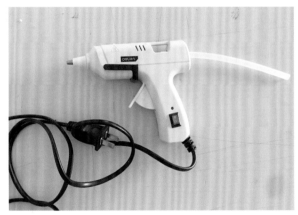

图2-58 热熔胶

图2-59 双面胶

图2-60 纸胶带

10. 修补胶带和无痕胶带

修补胶带或无痕胶带可将两张纸类材料贴在一起。有类似功能的还有玻璃纸胶带，但是现在使用较少，因为玻璃纸胶带是以玻璃纸作为芯材，表面涂有天然橡胶类的胶黏剂，但是天然橡胶类的胶黏剂容易老化，一段时间后，玻璃纸会发黄，胶黏剂也会软化，从而从胶带侧面溢出。而修补胶带或无痕胶带弥补了玻璃纸胶带的缺点，成为玻璃纸胶带的替代品。

六、钉

建筑材料的拼接，除了上述的黏结剂以外，还可以用钉接、螺丝、榫卯、焊接等方式。钉接是采用钉子将建筑模型材料进行连接，适用于木材、PS板和卡纸等材料，常用的有木钉、气排钉、螺丝钉、订书钉等（图2-61）。

1. 木钉

木钉又称圆钉，可连接木质材料。钉钉前，要对木材进行切割打磨，并标记落钉点，落钉点与木材边缘保持一定距离，以免木材开裂。

2. 气排钉

气排钉又称枪钉，需要配合射钉枪使用，射钉枪的钉接效果较好，落钉点与木材边缘要有一定距离。

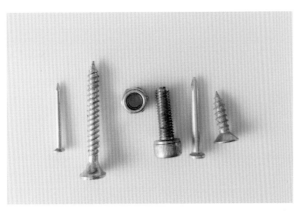

图2-61 钉

3. 螺丝钉

螺丝钉的钉接相对比较稳定，可以随意拆装，适用于木材、高密度塑料和金属材料。在建筑模型制作中，高密度材料和金属材料一般选用合金螺丝钉，木质材料可以选用尖头螺丝钉，螺丝钉需要使用螺丝刀拧紧，最好采用电动螺丝刀，效果好，速度快。塑料和金属材料需要先在材料面板上钻出与螺丝钉相匹配的孔径，当螺丝钉穿过板材后用螺丝帽在背部固定。

4. 订书钉

订书钉一般用来钉接纸类材料，考虑到模型最终效果，订书钉常用于模型内部，而不是模型表面，其固定效果比较好。

七、上色涂料与工具

建筑模型完成时，有些建筑模型材料本身的色彩不能满足实际需要，为展现更好的模型场景、建筑材料和景观绿化等内容，可对建筑模型进行上色，改变材料本身的色彩，达到想要的效果。模型上色主要考虑涂料和上色工具。用于模型上色的涂料主要有油性漆、水性漆、喷漆、底漆、透明保护漆、稀释剂，在简易模型的制作中，可以使用绘画颜料上色，如水彩、水粉、油画、丙烯颜料，也可使用墨水、马克笔。经常用到的上色工具有毛笔、毛刷、喷笔等。操作时需要掌握颜料和颜料的搭配，以及相关工具的使用。

1. 油漆

油漆能够避免所涂材料受大气侵蚀，有防止金属生锈和木材腐蚀的功能。油漆色彩丰富，有光泽，有很好的装饰效果。常用的油漆类型多样，有清漆和色漆之分，有无光、平光和高光之分，有油性和水性之分等。建筑模型使用的油漆一般有两种，一种是清漆，可保护模型，防止其腐蚀；一种是色漆，可改变建筑模型材料的色彩和纹理。油漆可以用刷子进行涂刷，也可以用喷笔进行喷涂，油漆有刺激性气味，使用时需要保证通风良好。油漆在使用前可能有沉淀，属于正常现象，需摇晃搅拌均匀后再使用，且刷漆之前要将模型材料表面清理干净。

2. 水性漆

水性漆应用广泛，颜色丰富，能够叠加使用，可用于补色。水性漆可手涂也可喷涂，使用前若觉得水性漆比较黏稠，可以加入专门的稀释剂或清水进行稀释。在刷漆前，使用砂纸将模型表面进行打磨，不仅可以处理污垢，也可以提高漆的附着力，清理完模型材料表面后，将搅拌均匀的漆进行涂刷或喷涂，若是涂刷，涂刷两遍为宜，第一遍涂薄薄一层，待表面干后，进行第二遍涂刷。

3. 喷漆

建筑模型制作时常使用的喷漆，以罐盛装。喷漆是通过高压将漆灌在金属罐内，使用时，先摇晃金属罐，然后按住顶部按钮，便会自动喷出气雾状的漆。喷涂时，喷嘴距模型表面30cm左右，使用方便，但喷漆不能调色，且很难清洗，若是需要清洗，则需要用有机溶剂进行反复擦拭，效果也不一定理想。使用喷漆时，不要弄到身上，要保持室内通风或在室外进行喷漆，且被喷材料下面应放置垫布或垫层，以免喷漆过程中弄脏环境，喷漆后要清理模型制作空间。

4. 底漆

底漆有利于遮盖瑕疵、提升质感、统一颜色，可避免不同底色对面漆颜色的影响，有利于油漆的附着。不同面漆颜色应选择不同颜色的底漆。底漆可涂刷亦可喷涂。

5. 透明保护漆

在底漆漆面完全干透后，再使用保护漆。保护漆为透明色，有消光漆、半光泽漆和光泽漆。保护漆可涂刷或喷涂，涂刷时要薄刷，喷涂时切忌一次性喷涂过厚，要薄喷多层，否则容易出现泛白和溶解底漆的情况。

6. 稀释剂

稀释剂有油性漆稀释剂和水性漆稀释剂，油性漆稀释剂可以用作上色笔和喷笔的清洗，油性稀释剂有用于正常稀释油性漆的稀释剂，还有一种是延长干燥时间的油性缓干稀释剂。

7. 喷笔

罐中的漆颜料可以通过喷笔喷涂材料面层，喷笔型号多种，常用的喷笔喷嘴口径有0.2mm、0.3mm和0.5mm，分别用于不同的场景。0.2mm口径的喷笔适用于精细的模型制作喷涂；0.3mm口径的喷笔适用性较广，既可用于大面积喷涂，也可进行精细的局部的喷涂；0.5mm口径的喷笔适用于大面积喷涂的模型制作。喷笔是直接用气泵控制启停的，气压可大可小，能够随时调整，大面积喷涂时需要高压力以达到较好的雾化效果，局部和细部喷涂时需调低压力，气压过高容易造成油漆在模型材料表面飞溅的后果，使用完喷笔后需将喷笔清洗干净。

喷笔通过旋转气流将漆料雾化，再经过喷嘴将雾化的漆料喷射到材料面层上。喷涂前首先要检查喷笔，漆颜料按比例加入稀释剂后搅拌均匀，建筑模型面层要打磨修正过；其次，喷涂底漆，底漆是漆面喷涂的第一遍漆，可以对建筑模型材料进行修补，一般材料上轻度的划痕可以通过底漆自动流平的性质进行修补，也可以进行局部的刮面，并对其进行抛光；再次，喷涂中间层，即颜色漆层，喷后抛光，保证漆膜均匀；最后喷涂面漆，即保护漆。每一层漆需要在上一层漆干透后再进行喷涂。

8. 绘画颜料和马克笔

建筑模型应用的绘画颜料，常用的有丙烯、水彩、水粉和油画颜料，需要配合调色盘，用毛笔或笔刷进行涂绘，也可用于补色。马克笔颜色丰富，有水性马克笔、酒精马克笔、油性马克笔和电镀银马克笔。马克笔笔头有粗有细，有软有硬，可直接笔涂，十分方便，常用于小面积的涂色。

9. 毛笔和笔刷

不同的笔有不同的用途，毛笔笔尖纤细，可用于绘线和模型细节的上色；笔刷笔头为平头，适合大面积上色。毛笔和笔刷均有多种型号，在使用时选择合适的型号使用，使用后需要清洗干净，能反复使用。

八、3D 打印机

3D 打印是建筑模型制作的重要手段之一，它不同于传统建筑模型制作的流程和思路。3D 打印机无须切割，根据 3D 模型直接打印出立体模型，不管多复杂的形状，利用 3D 打印技术均可实现。

3D 打印技术可用的材料有白色光敏树脂、加强增韧树脂、全透明树脂、半透明树脂、软胶弹性材料、尼龙材料、尼龙玻纤材料、铝合金不锈钢材料、PLA 材料、ABS 材料等。白色光敏树脂，该材料精度高、表面光滑、稍有气味，利用 3D 打印后可以对其表面进行喷漆和电镀处理。加强增韧树脂材料精度高、表面光滑、韧度高。全透明树脂材料有良好的强度、延伸性和抗冲击性，无色，有透明和彩色透明之分。半透明树脂材料亦有良好的强度、延伸性和抗冲击性，是 3D 打印制作建筑模型的常用材料。软胶弹性材料的抗拉性强，软硬度可以调整，颜色丰富。尼龙材料强度高、韧性好、吸水率低、尺寸稳定性好、机械性能好、绝缘性能好，其表面颗粒感强。尼龙玻纤材料耐磨、防静电、抗摔、耐腐蚀、耐高温、表面有明显颗粒感。铝合金不锈钢材料硬度高、耐磨性强、高精度、寿命超长，利用 3D 打印技术无须焊接，即便复杂的结构也可一次成型。PLA 材料的表面有层纹、成本低、材料可降解、强度高、颜色丰富，是 3D 打印制作建筑模型的常用材料，适合做一些小型模型。

3D 打印机的专用文件是 STL 格式文件，3D 模型可用 3ds Max、SketchUp、Maya、犀牛等软件绘制，绘制完成后可输出 STP、STEP、STL、OBJ、IGS 等格式文件，然后利用 3D 打印机打印。

3D 打印对模型的制作是有要求的，一是绘制模型的所有面必须为封闭的面，用肉眼检查模型的面是否封闭是比较困难的，可借助相关软件检查，如 3ds Max 的 STL 检测功能；二是模型的面需要有厚度，各类软件绘制的面均是没有厚度的面，需要给每个面一定的厚度，建模时不能简单地由面围合成封闭的模型，若是由面围合成封闭的模型进行 3D 打印，则内部空间将全被打印出来，比较浪费材料，也容易在打印时出现问题；三是绘制的模型要有正确的法线方向，模型中面的法线方向要正确，法线方向错误，则在 3D 打印时电脑将辨别不出该面是模型外面还是里面，容易在打印过程中出现问题；四是模型最小的厚度，不同的 3D 打印机是不同的，一般 3D 打印的最小厚度为 2mm，利用 3D 打印机进行模型打印需要考虑模型的最小厚度，否则在打印时容易出现问题；五是利用软件绘制模型时，多余的点、线、面、体要删除。

九、其他工具

1. 切割垫

在使用刀具时，为避免桌面受损，应使用切割垫（图 2-62）。有切割垫垫在桌子上面，便可安心作业。切割垫厚度一般为 3mm；型号多种，有 A4、A3、A2、A1 等型号；其颜色也多样，绿色居多。切割垫的割痕可以自愈，切割后无明显划痕。切割垫有一定的防滑效果，双面有不同的标尺和刻度，且都能重复切割。切割垫柔软适中，能够为刀片提供缓冲，延长刀片使用时间。

制作建筑模型时，虽然也可以用其他物品代替切割垫（如木片、纸板等）保护桌面避免被刀片划伤，但这些物品比较硬，且划痕不能自愈，划痕会留在上面，在切割模型材料时，之前的划痕会影响新的切割，使切割跑位，不能按照既定线路切割材料，容易造成材料损失、工具损坏和人的受伤，切割垫因为有自愈功能，且有一定柔软度，就避免了这个问题。所以，在制作模型时，应当尽量使用切割垫。

2. 镊子

镊子有直头和弯头，一般用于夹持小零件，或对小零件进行粘贴用，弯头镊子（图2-63）在制作模型时更为常用，且方便。

3. 台钳

台钳（图2-64）可以固定在桌子上，将材料固定在台钳上，再对材料进行切割、打磨、钻孔等处理，加工方便且更为精准。台钳可以固定多种加工材料，一般硬质材料均可用台钳进行固定，如金属、木材、PVC管等。台钳型号种类多，不同的台钳其钳口宽度、钳口厚度、钳体长度、最大张口、喉深以及底板夹持厚度是不同的，制作模型时根据需要进行选择。台钳可360°旋转，可随意调整工作角度；钳口咬合力强，有防滑纹理，夹持效果好，一般的钳口均可更换；台钳的最大张口可以通过轨道进行调整，根据材料宽度进行张口大小的调整，保证稳定性，不同型号台钳最大张口不同；每个台钳的喉深是确定的，不

能调整；台钳底座可以固定在桌面上，能够根据桌面厚度进行调整。

4. 紧固夹

紧固夹规格多种，使用起来简单省力，夹持范围可以调节，但不能超过最大夹持范围。不同型号的紧固夹，最大夹持范围不同，可用于固定模型材料，也可用于黏结材料未凝固前对粘贴面的固定。

5. 吹风机

吹风机（图2-65）主要使用热风模式，用来软化塑料材料，将其进行弯曲处理。选用的瓦数最好大一些，这样材料软化会快一些。有些电热吹风机的热风甚至能够熔化塑料，可以很容易地使两块塑料材料黏结在一起。

小结

材料的选择和工具的使用直接影响模型的最终效果，模型制作要合理选择材料和工具，并掌

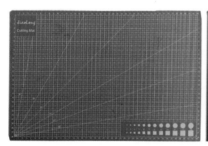
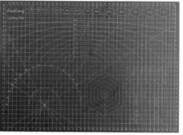

图2-62 切割垫

图2-63 弯头镊子

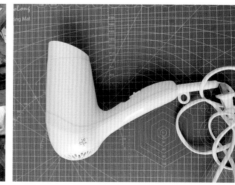

图2-64 台钳

图2-65 吹风机

握其应用的技巧和方法。想要达到预期模型效果，也可采用不同的方式方法，比如，卡纸模型的有色处理，可以直接使用彩色卡纸，亦可对白色卡纸上色，还可在卡纸表面贴材质纸、即时贴等。建筑模型材料并不局限于上述的介绍，所有能用的材料均可作为建筑模型材料使用，鼓励使用废旧物品，并充分利用边角料，如塑料袋、废布料、废钥匙、废弃电子产品等。

建筑模型制作的工具除上述说明外，也可使用大头针、牙签等，常用于临时固定。而模型的拼接方式亦可在材料上钻孔，再插入木棍、管类材料等来进行连接，为保证其固定效果，可在木棍或管类材料插入前涂抹黏合剂。

建筑模型的材料、工具和模型制作的方式方法多样，在制作模型前要仔细考虑建筑模型各构件需要用什么材料、什么工具、什么制作方式，可以采用单一材料、工具和手法，亦可使用多种材料、工具和方式，具体材料、工具和方法应根据实际情况和模型预期效果来确定。

课后思考：

1. 建筑模型制作的常用材料和工具有哪些？
2. 采用激光雕刻机的方式切割模型材料，再绘制 CAD 展开图，应注意的问题有哪些？
3. 使用美工刀应注意的问题？
4. 白乳胶和UHU胶的特征和应用时应注意的问题？

项目实训1——模型材料的训练

1. 实训内容

主要应用卡纸、轻木、雪弗板、有机玻璃、金属等材料进行5级台阶的手工制作，可用其他材料辅助，并简单布置周边环境。

2. 实训目的

掌握模型材料的特征，提升制作模型的工艺技术。

3. 过程指导

（1）确定比例，绘制5级台阶及周边环境的图纸。

（2）确定模型需要的材料种类和应用部位，计算材料需要的量。

（3）使用美工刀对台阶材料进行切割，并制作台阶栏杆。

（4）使用不同黏合剂进行粘贴，掌握黏合剂性质。

（5）处理模型周边环境，包括道路、绿化（可自行设计水景或景墙等）。

4. 实训成果要求

模型底板大小为300mm×300mm，右下角处贴上标签，标签内容包含模型名称、姓名、学号、比例等信息，最终上交制作的台阶模型实体。

项目实训2——电动工具的训练

1. 实训内容

电动工具的训练。

2. 实训目的

熟练应用电动工具，掌握模型制作过程中电动工具使用的技巧，了解注意事项。

3. 过程指导

（1）掌握电动手锯、曲线锯、砂纸机、钻孔机等电动工具的使用技巧，了解注意事项。

（2）应用木材制作三角形结构桁架，3~5人一组。

按1:10比例绘制图纸，利用电动手锯和曲线锯进行切割，再用砂纸机进行打磨，用电钻打孔，最后用螺丝连接；也可制作榫卯，采用榫卯结构连接。

4. 实训成果要求

建筑桁架模型，比例1:10，长宽高尺寸为1200mm×300mm×35mm，右下角处贴上标签，标签内容包含模型名称、姓名、学号、比例等信息，最终上交制作的桁架模型实体。

项目实训 3——激光雕刻机的训练

1. 实训内容

单一空间模型制作，包含地面、墙面、门窗。

2. 实训目的

能够绘制建筑模型展开图，掌握激光雕刻机的应用，锻炼制作模型的能力。

3. 过程指导

（1）分组，3~5 人为一组。

（2）按 1：20 的比例绘制 3000mm×3000mm×3000mm 的单一空间平面图和立面图，用三维软件制作该空间的三维模型，包含地面、墙面和门窗。

（3）绘制该空间 CAD 展开图，并排版。

（4）选择模型材料为 2mm 厚椴木板。

（5）设置激光雕刻机并进行激光雕刻。

（6）用黏合剂进行粘贴。

4. 实训成果要求

模型大小为 150mm×150mm×150mm，右下角处贴上标签，标签内容包含模型名称、姓名、学号、比例等信息，最终上交模型实体。

项目实训 4——3D 打印机的训练

1. 实训内容

室内家具模型制作。

2. 实训目的

能够绘制 3D 打印模型，并进行 3D 打印。

3. 过程指导

（1）从沙发、床、书柜、桌子、椅子、衣柜等家具中选择一种，按照 1：10 的比例绘制 3D 打印模型。

（2）设置 3D 打印机，利用 PLA 材料进行 3D 打印。

4. 实训成果要求

最终上交家具模型的 3D 打印实体。

CHAPTER 3

一

第三章

建筑模型制作
流程与方法

学习目标

掌握建筑模型制作的流程。能够编制模型制作的总体计划，并根据实际制作情况予以调整，总体计划编制切实可行，分工明确；能够合理规划模型材料用量，经济合理且避免浪费。

学习建筑模型制作的技巧，能够制作模型底盘、建筑主体、建筑配景、模型灯光和声效；掌握制作模型的技巧和注意事项，能够在实际操作中应用不同的加工工艺，解决模型制作中的实际问题；能够采用不同的手段丰富模型，增强模型的艺术效果。

学习任务

1. 编制建筑模型制作计划。

2. 确定建筑模型材料和用量，准备工具。

3. 能够制作模型底盘，包含底板、地形、道路、水景的制作。

4. 能够制作建筑模型主体、模型配景、模型灯光和模型声效。

任务分解（重点、难点）

本章任务分解表详见表 3-1 至表 3-5。

表 3-1 第一节 建筑模型制作流程

内容	技能与方法	学习知识点	考核点	重点、难点
计划阶段	掌握建筑模型制作的基本流程	1.建筑模型制作总体计划 2.建筑模型制作前期计划	掌握建筑模型制作的流程，并根据实际情况进行调整	重点：掌握建筑模型制作的流程 难点：建筑模型制作的前期与准备阶段
准备阶段		1.建筑模型比例的确定 2.建筑模型材料与工具的准备		
制作阶段		1.底盘制作与放样 2.建筑模型结构与细部构造制作 3.建筑模型拼接与上色		
完成阶段		建筑模型的后期处理、检查、空间清理、摄影与保存		

表 3-2 第二节 建筑模型底盘制作

内容	技能与方法	学习知识点	考核点	重点、难点
模型底板制作	掌握建筑模型底盘（包含底板、地形、道路、水景）的注意事项和制作方法	1.建筑模型底板制作的注意事项 2.建筑模型底板的制作方法	能够按照预期目标制作建筑模型底盘，其中包含模型底板、地形、道路和水景	重点：建筑模型底板、地形、道路和水景的制作 难点：建筑模型地形和水景的制作
模型地形制作		1.建筑模型地形的制作形式 2.建筑模型地形制作的注意事项 3.建筑模型地形制作的方法		
模型道路制作		1.建筑模型道路制作的注意事项 2.建筑模型道路制作的方法		
模型水景制作		1.建筑模型水景制作的注意事项 2.建筑模型水景的制作方法		

表 3-3 第三节 建筑模型建筑制作

内容	技能与方法	学习知识点	考核点	重点、难点
建筑模型主体制作	1.掌握建筑主体制作的方法 2.能够处理建筑模型主体制作过程中的各种问题	建筑模型主体制作注意事项	能够制作模型中的建筑部分，包含其主要结构和建筑细节	重点：建筑模型楼梯制作和门窗制作 难点：建筑模型楼梯制作
建筑模型楼梯制作		1.楼梯模型制作注意事项 2.双跑楼梯模型制作方法 3.旋转楼梯模型制作方法		
瓦屋顶制作		瓦屋顶制作的3种方法		
门窗制作		门窗制作的方法		
玻璃幕墙制作		玻璃幕墙制作的方法		

表 3-4 第四节 建筑模型配景制作

内容	技能与方法	学习知识点	考核点	重点、难点
绿地制作	1.掌握绿地、树木、小品制作的注意事项及制作方法 2.能够选择合适的方式处理建筑配景，并有能力手工制作所需配景构件	1.绿地制作注意事项 2.绿地制作方法 3.平地绿地与山地绿地制作	能够根据建筑模型实际情况采取合适的模型配景制作方式并制作成品	重点：绿地、树木的制作方法 难点：小品构件的类型及其制作方法
树木制作		1.树木制作注意事项 2.乔灌木制作方法 3.绿篱制作方法		
小品构件制作		建筑配景小品构件的制作方式，包含栏杆和扶手、人物和动物、车辆、路牌、模型灯、雕塑、假山、亭榭、花架、景桥、家具、模型信息标注等		

表 3-5 第五节 建筑模型灯光布置和声效制作

内容	技能与方法	学习知识点	考核点	重点、难点
建筑模型灯光制作	掌握建筑模灯光、声效的制作方法	1.模型光源种类 2.模型电路连接 3.模型电源	能够制作建筑模型的灯光效果和声效	重点：建筑模型的灯效制作 难点：建筑模型的声效制作
建筑模型声效制作		建筑模型声效的制作方法		

　　建筑模型制作的工艺贯穿模型制作的全过程，模型组成的各个元素，包含底盘、建筑主体、景观、灯光、声效等均有其制作的方式和技巧，制作时按部就班，不要急于求成，注重细节，才能将模型制作的效果更好地展现。

第
一
节
建
筑
模
型
制
作
流
程

一、建筑模型制作计划阶段

1. 建筑模型制作总体计划

编制建筑模型制作的总体计划，大体共以下 11 步：

（1）成立建筑模型制作小组。

模型制作小组一般成员 3~5 人，要确定组长及模型制作各项任务的负责人和配合者，明确分工，安排时间。

（2）确定模型制作的内容，准备资料。

确定要制作的模型是什么，明确该模型制作的内容，然后准备资料。设计或查找建筑资料，准备建筑平面图（包含周边环境）、立面图、剖面图，确定模型比例，可进行三维建模，亦可先制作模型草模（图3-1）。

（3）确定建筑模型制作的风格和模型制作的方案。

（4）准备材料和工具。

根据模型制作的内容、风格和制作方案确定建筑模型制作的材料和工具，并根据图纸确定建筑模型材料所需用量。

（5）模型底盘制作与放样（包含建筑模型地形、水体制作和周边环境平面图放样）。

（6）建筑模型结构和细部展开图的绘制，并对材料进行切割。

（7）建筑模型拼接和上色，也可在材料切割后上色再进行拼接。

（8）周边环境的制作。

（9）建筑模型后期处理。

（10）整理空间、清理卫生。

（11）建筑模型摄影及保存。

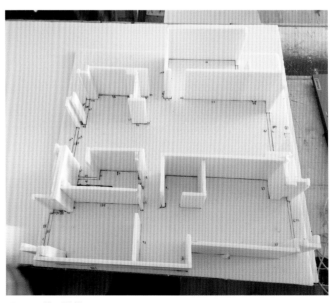

图 3-1　模型草模

2. 建筑模型制作的前期计划阶段

（1）确定要制作模型的建筑作品。

在模型制作之前，制作者需要确定要制作的建筑，可制作自己设计的建筑作品，也可制作大师作品或其他优秀作品。

（2）准备完整的建筑作品资料，研究分析建筑设计图纸。

制作者需要准备完整的建筑设计平面图、立面图和剖面图等图纸资料，分析研究建筑图纸，明确建筑设计的最终造型。制作者可以利用三维建模软件，根据图纸将建筑设计的三维模型建立起来，使建筑造型更加形象地呈现出来，以便更好地完成建筑模型制作。

（3）建筑模型类型、风格、主要展现内容的确定。

建筑模型制作的类型、风格、主要展现内容决定模型制作的比例、材料、工具和制作方式方法。若是草模的制作，常使用方便快捷的材料，如，雪弗板、泡沫、KT板、黏土、雕塑泥等，利用简单的工艺和工具。若是发表模型，则可运用手工、激光雕刻、3D打印，模型精美细致，从整体到局部充分展现建筑特点，所选用的模型材料比较广泛。

（4）确定建筑模型制作的材料类型和工具种类。

确定建筑模型的材料和工具，二者的选择不当容易导致制作出来的模型无法达到预期效果。模型材料的选择考虑其经济性，可以选用废旧物品和廉价材料。模型制作的工具应根据材料和自身技术手段确定。

（5）分析建筑模型制作的可行性，最终确定建筑模型制作的方案。

根据材料、技术条件（工具、机器、自身技术水平）等确定采用何种手段进行建筑模型各个结构部分的制作（包含底盘、地形、建筑主体、绿化、道路与铺装、水面、景观小品等），并进行可行性分析，以保证模型实体能够顺利完成。

（6）建筑模型包装与运输计划。

如果建筑模型需要包装和运输，则需要计划如何包装、如何运输、是整体运输还是分解运输。

二、建筑模型制作准备阶段

1. 建筑模型比例的确定

模型制作要有适当的比例，以便确定具体的模型尺寸。模型比例的确定要考虑模型的用途、图纸的实际尺寸、设计的复杂程度、模型制作展现的细致程度、模型制作工艺和设施、模型制作场地空间等诸多因素，这些因素与模型制作比例一起决定模型最终的体量、呈现状态以及模型制作的花销。

建筑模型比例的确定，首先要根据图纸标注的实际尺寸以及预期的建筑模型大致体量，确定建筑模型的大概比例，以该比例为基础，选择多个比例进行尝试，然后选取最合适的那个比例；其次，确定比例后，按照该比例对建筑主结构以及重要细节进行具体模型尺寸测算，如果尺寸合适，则最终确定该比例为模型比例，若是不合适则需要调整预期的建筑模型体量，重新确定比例。

2. 建筑模型材料和工具的准备

在确定模型材料、工具和制作工艺后，便需要准备模型制作的材料和工具，工具可以是既有工具也可购买。材料的准备需要对模型制作所需材料量进行测算。

模型材料需求量的测算顺序先是整体，后是局部。首先是模型底盘的大小，底盘上要包含建筑本身和周边环境，根据其大小，确定相应的材料规格；其次，根据模型制作的设计，依次确定地形制作的材料用量，建筑结构的材料用量、建筑细节材料用量、周边环境材料用量，及其他材料用量等。建筑结构包含了外墙、柱子、梁、楼层板、屋顶板、桁架、楼梯、坡道等，需要清楚各结构构件的尺寸和数量（有些结构构件尺寸是相同的），这只有对建筑设计充分了解才能够完成，可借助草模或三维软件制作的三维模型来辅助测算模型材料用量，使材料用量测算更为准确。环境包含道路、水景、景墙、展示牌、路灯、人物、车辆等，像人物、车辆、路灯的模型直接按比例购买成品，计划好数量即可。若是模型有电路设计，需要购买开关、电线、光源，光源要考虑规格、照度和颜色。

规划类的模型只需制作建筑外部造型和周边环境，无须制作建筑内部结构，所以在材料测算上，也只需测算建筑外部造型的材料用量，无须考虑建筑内部结构的材料用量。建筑室内模型则还需考虑室内装修与陈设的材料用量。

材料用量的测算，要考虑材料规格、在该规格下能够制作模型构件的数量。由于模型构件尺寸有一定要求，经过裁切后会产生废料、边角料等，故一般对模型材料量的测算均是估算，而且需要准备一些备用量，以备不时之需。

在确定材料用量后，可直接购买。若是测算材料用量不准确，出现数量不足的情况，则需要对材料进行二次补充。二次补充时，通过网络购买虽价格便宜但会耽误时间，实体店购买价格上会稍高但也有便利之处，对于一些不确定的模型材料，需要在实体店进行确认后再进行购买。根据自身情况确定模型材料的购买方式，可以避免模型材料的浪费。

三、建筑模型制作阶段

1. 底盘制作与放样

（1）模型底盘制作。

根据建筑模型制作方案以及前期准备的材料和工具，按比例制作建筑模型底盘，也可直接购买成品底盘，但价格稍贵。

（2）在模型底盘上确定模型地形、水体，并制作完成。

（3）底盘放样。

按照事先确定的模型比例，在模型底板上绘制建筑结构及周边环境（包含道路、绿化、水景、小品等）的平面图，也可打印出来贴在底盘上，亦可直接激光雕刻在底盘上。

（4）如若建筑模型有电路设计，在模型底盘上预先进行电路的制作。

2. 建筑模型结构与细部构造制作

建筑模型结构与细部构造制作的内容，主要包含建筑主体的制作和周边环境构件的制作，其中建筑主体包含建筑墙体、梁柱、楼层板、楼梯、台阶、屋顶、门窗等；周边环境包含绿化（包含乔木、灌木、草坪等）、水景、道路铺装、景墙、景观设施等。建筑主体需要自己制作，而有些构件

可以自己制作也可按比例直接购买成品，如路灯、展示牌、栏杆、人物模型、车辆等。

规划类的模型只制作建筑外部造型和周边环境即可，无须制作建筑内部结构。建筑室内模型则需制作建筑内部构造并考虑室内装修与陈设，室内的装修和陈设构件亦可直接按比例直接购买成品。

建筑模型结构和细部构件制作的一般程序：

（1）绘制展开图。

在模型材料上按比例手绘建筑结构和构件的展开图，也可用电脑绘制展开图，将展开图打印出来，并贴在材料上。

（2）材料切割。

（3）材料打磨和抛光（图3-2）。

材料打磨要把控好模型尺度，不能过分打磨致使模型尺度减少，对于需要大幅度修正的材料，需在切割时留出适当的修正量，对于比较厚的材料，若边缘处理成平直，粘贴后其厚度会影响模型结构的尺寸，所以应将

图3-2 打磨和抛光工具

厚材料板边缘打磨成 45° 斜面。45° 斜面的打磨需要有一定技术水平，打磨不好会导致面不平，造成粘贴时出现缝隙或墙面交界处不成直角的问题。

3. 建筑模型拼接与上色

建筑模型拼接可以用钉接、插接、螺丝、榫卯和粘贴剂等方式，最常用的是使用粘贴剂。在模型构件切割打磨后，将粘贴面的灰尘、污渍清理干净，再对模型各构件依次进行粘贴并固定，粘贴固定后粘贴面便不宜分开，强制分开容易破坏材料表面。材料粘贴过程中一般先粘贴建筑主体，再固定水景、铺装、绿化、路灯、人物、车辆等模型材料，拼接后再对模型进行上色处理。

对建筑模型主体进行粘贴，一般从下往上进行，最后粘贴屋顶。为方便观看建筑模型的内部结构，建筑模型的屋顶与上层柱子墙体、楼层板及下层柱子墙体间无须粘贴，搭接即可，以便观看模型内部结构时能够随时拿下来。

建筑模型的上色可以在模型粘贴后进行，也可以在建筑材料切割打磨后进行。例如，如果用喷漆上色，为保证材料边缘上色的饱满度，正常情况下颜色会溢出材料边缘很多且范围较大，即便在材料边缘外贴上纸胶带也极有可能弄脏材料周边地区或与之相连接的其他的材料。而使用画笔和颜料上色，在材料边缘外贴上纸胶带便可以有效保护与之相连接的其他模型材料。所以使用

喷漆上色，最好在材料切割打磨后进行，待颜色干燥后再进行材料的粘贴。使用画笔上色时，若是在材料切割打磨后进行，则比较方便，质量较好，若在模型拼接后上色，虽更能保证模型的上色整体性，但一些局部细节可能存在不方便上色的情况。具体的上色程序需要根据建筑模型制作的实际情况而定。

建筑模型若是有灯光，需要将光源与底盘的电路进行连接，连接后对其进行固定，通过按压开关检查电路是否畅通。

四、建筑模型完成阶段

建筑模型完成阶段的工作包括模型的后期处理、检查、空间清理、摄影与保存，一般有以下程序：

（1）完善模型内部装饰和细节。

（2）对照图纸，检查模型，对不符合要求的地方进行修正。

（3）检查模型的构件是否粘贴整齐，黏结强度是否满足要求，须保证无构件脱落。

（4）清洁模型，确保建筑模型无胶痕，保证模型美观。

（5）检查合格后，收拾和清理模型制作空间。

（6）模型摄影与保存。

至此，建筑模型制作基本完成。

第二节　建筑模型底盘制作

一、模型底板制作

模型底板承载整个模型，是模型主体、配景和附属物的支撑基础，是建筑模型最先制作的构件。模型底板的大小、形状、风格直接影响模型的最终效果，底板形状根据建筑造型来制作，可以是矩形、圆形、不规则形状等，常见形状为矩形。模型底板的主要形式有普通平面底板、阶梯形底板、斜边形底板、凹槽形底板等。底板的风格要与模型风格统一，其制作要求平整和稳固，并考虑地形、道路和水体的制作需求，为其预留厚度和空间，同时，建筑模型底板的制作亦要考虑成本问题。

不同类型的模型，底板制作的方式不同。沙盘等模型，其本身重量和模型体量均较大，因此一般采用较为密实的材料，如密度板、木工板、椴木层板、松木实木等木质底板、有机玻璃和泡沫板。泡沫板作为沙盘底板要对其进行全面覆盖处理，以免影响沙盘效果，同时对底板边角用铝合金或不锈钢金属片进行包边处理，使底板更加坚固。研究模型，可以采用轻质板材，如 KT 板、苯板等易切割的 PS 材料，这些材料制作的底板易于修改。

1. 模型底板制作注意事项

（1）模型底板尺寸要与模型体量和预期模型效果相适应。

底板尺寸过小，建筑模型放在底板上会显得局促，周边环境无法展现，模型信息也无足够空间展示；模型底板过大，建筑体量会显得小，周边环境空间过大，浪费空间也不宜搬移。单体建筑模型的底板一般为建筑模型底面的 1.5~2 倍左右，具体情况视建筑模型造型和最终预期效果而定。

（2）底板上的其他内容。

模型底板上除了建筑和环境的制作，还应该有指北针、比例尺、道路名称以及模型所需的其他信息，信息的尺寸应与模型比例相适应，位置分配要整体把控（图 3-3）。

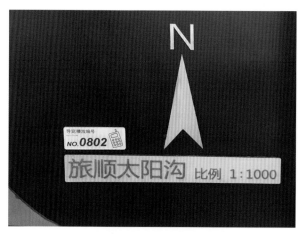

图 3-3　底板上的其他信息（大连规划展示中心）

2. 模型底板制作方法

（1）聚苯乙烯板底板。

聚苯乙烯板作为底板，质量轻，须根据建筑模型体量和重量确定底板厚度。制作时一般采用5mm厚KT板，若单层承载力不够，可叠加两层或三层5mm厚KT板，用喷胶黏结。若需要较厚的底板，可直接选用厚苯板（图3-4）。

聚苯乙烯材料很难和模型本身风格融合，所以聚苯乙烯底板的上下表面可以用卡纸、较薄的PVC板或其他材料覆盖，四周亦须用材料封边，以保证底板的美观性。如若在模型底板中增加电路，则需要三层板叠加，穿插电线的那层板需要留出走线空间，用美工刀切割出来即可，然后再将线和板进行粘贴，最终形成底板。

（2）木质底板。

木底板（图3-5）可选用密度板、木工板、椴木层板、松木实木等木质材料制作，厚度和尺寸根据模型体量和所需承载力确定。如果要制作较大的模型底板，则需要对材料进行拼接组合，为保证拼接底板的稳固，可在底板下制作龙骨，并用木材料框边。如果制作厚底板，则应先制作木龙骨，横纵方向均要设定，再覆盖5mm厚的木板，四周封口，底面封面。制作时，注意底板的四个边角的拼接，避免开裂。这种方式制作的底板质量较好，分量也重，可承载质量较重的建筑模型，如石膏模型、油泥模型、金属模型、实木模型等，亦可承载体量较大的模型或沙盘。

木质绘图板可直接用作模型底板，绘图板中空，上面为薄木板，四边以方木条支撑，质量轻，可承载轻质模型，如雪弗板、轻木板等材料制作的模型。为保证木质绘图板与模型风格一致，制作者可对绘图板进行喷涂、贴面或其他装饰。

（3）其他材料底板。

底板制作材料也可以选用有机玻璃、天然石材、玻璃、石膏、金属等。

（4）模型底板边框的制作方式。

建筑模型的底板装饰边框可采用与底板不同的材料，如即时贴、卡纸、有机玻璃、ABS板等，亦可用木质材料，不锈钢、铝合金等金属材料或

图3-4 厚苯板上制作模型

图3-5 木底板上制作模型（作者：晋增伟）

人造石材。边框主要起装饰性作用，可以提升模型底板的装饰效果。

二、模型地形制作

模型底盘上的地形制作主要是展现模型的地形地势，将模型底盘上道路、绿化、水体的高度和高差表现出来。带有地形的底盘一般要制作得大一些，这样才能将地形的整体面貌展现出来。带有地形的建筑模型，建筑与地形的关系是其表现的重点之一，模型比例的确定需要考虑高差。

1. 模型地形制作形式

建筑模型的地形分为平地地形和复杂地形两种。平地地形模型地势平缓，高差不大，所需表达的主要内容有道路、河道、湖泊等，将平板切

割后贴到底板上表现即可，然后在上面对其进行装饰。复杂地形模型地势多样，主要表达山体、沟壑、斜坡、护墙、阶梯等，表现手法也多样。

像山体这种复杂地形的表现手法可以是具象手法也可是抽象手法，具象手法的地形表达形象具体、贴近现实感官，抽象手法的模型表达需要艺术造型能力，具有一定的艺术展现效果。具体采用何种手法需根据建筑模型风格、模型用途、预期展示效果、主要的地形表现内容等因素确定。沙盘展示的模型常用具象手法表现，研究模型可以用抽象手法表现。

2. 模型地形制作注意事项

（1）地形的材料选择。

山地地形的模型制作通过材料堆积而形成，山地地形的选材要根据地形高差大小和地形体量而定。体量大、高差大则耗材量大，复杂地形对材料量估算不准确，会造成材料浪费。常用于制作地形的材料有KT板、雪弗板、纸板、木板、卡纸、亚克力板、ABS板等。

（2）地形的制作精度。

研究模型需要表达地形起伏和高差，距建筑越近，高程越准确，距建筑越远，表示大概高差和整体起伏状态即可，可在地形表面稍作修饰，也可不作修饰。用于展览的模型需要准确把控起伏和高程，制作越精确越好，同时对其进行修饰，使模型呈现较好的表现形式。

3. 模型地形制作方法

（1）等高线法。

等高线法（图3-6）是地形表现的抽象手法，一般选用板材来制作，根据图纸中等高线的形状，一层层地切割出来，再按照图纸上的位置叠加粘贴上去，其具体步骤如下：

第一，板材的选择，板材厚度一般2mm~5mm，为保证模型底盘的整齐和统一，同一模型底盘地形制作的板材厚度应一致。

第二，板材的切割，按照图纸在板材上绘制等高线形状，也可拓印上去，按照绘制的线进行切割，切割后对边缘进行打磨，注意曲线要柔顺，直线要平直，将铅笔痕迹擦去。

第三，将所有层板叠加粘贴，亦可在等高线上贴上高程标签。

有时候，利用等高线制作地形模型的精度并不十分准确，而是大致成型，允许有一定误差，在某些不重要的位置上，误差稍大一些也是允许的，保证最终高度和整体地形地势即可。

（2）材料堆积法。

材料堆积法（图3-7）是一种具象的地形表示方法，可选用模型造景泥。首先，材料堆积前

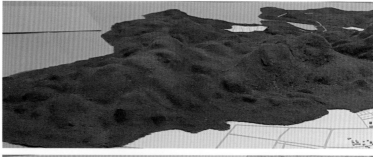
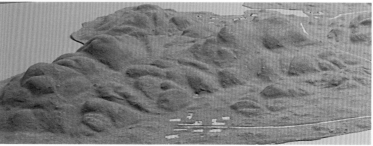

图3-6 等高线法（大连规划展示中心）　　图3-7 材料堆积法（大连博物馆）

应在底板上画好堆积范围，控制堆积面，并在底板上制作地形支撑框架，最好选用废弃的、轻质的材料，如废报纸、泡沫、填充物等，用白乳胶、UHU 胶等粘贴或使用胶带捆住固定均可。然后裁剪塑形布，用水将塑形布泡软，将水拧干后，覆盖在地形支撑料上面，覆盖前可刷一层白乳胶。塑形布干透后变硬，与支撑材料结合在一起。之后，用刷子将造景泥刷在塑形布上，将其覆盖，造景泥可不同颜色混合使用。最后，待造景泥干透后，在需要撒草粉或粘贴植物材料的地方刷一层白乳胶，然后将草粉撒在上面。

（3）材料切削法。

材料切削法适用于易切削的材料，如黏土、厚泡沫板等。具体的制作步骤是：先将材料拼接和堆积；再用刀具对材料进行切割，切割时要参照图纸，注意山体形态、山体高程；山体制作完成后再粘贴到底板上，以免制作时弄脏底板。厚泡沫板切削的山体地形，需要对其表面进行装饰和覆盖，可用造景泥，也可铺一层胶再撒草粉。

三、模型道路制作

模型道路制作相对比较复杂，因为道路本身就是一个复杂的系统，制作模型道路时，要考虑的因素有道路宽度、路牙、人行道、道路绿化、道路转弯半径等，有时，模型的道路转弯半径会被处理成直角（图3-8）。

1. 模型道路制作注意事项

（1）接缝处理要严密，平直。

模型道路之制作有像路牙这种小高差，以及与车行道、人行道和绿地的连接，若是选用即时贴，接缝的处理要严密、平直。若要上色，则需要在颜色边缘处粘贴纸胶带后再上色，以保证道路边缘的平直。

（2）模型道路的制作方式与比例的关系。

规划类的建筑模型，其常用比例有1:1000、1:1500、1:2000、1:3000、1:5000等，模型尺度相对也会很大，模型道路的制作主要展现路网关系，以及道路、绿化、建筑的关系，像路牙等诸多细节无须制作。当模型道路网比较复杂时，可通过颜色区分道路级别，并标明道路名称。

像1:200、1:300、1:500等比例的模型道路表现方式和制作方法与上述规划类的建筑模型不同，其道路制作需要展现道路的细节，需要将路牙及其高差制作出来。如庭院模型就需要把铺装样式表达清晰。

2. 模型道路制作方法

（1）颜色涂料法。

第一，在模型底板上按照比例绘制道路底图，也可利用激光雕刻机雕刻上去。

第二，制作路牙和人行道，并涂刷路牙颜色，绘制（可激光雕刻）人行道路并涂色，材料可与底板材料一样。

第三，在模型底板上直接涂刷道路颜色，道路底色一般是灰色，待颜色干透，将上完色的路牙和人行道粘贴上去，亦可将材料粘贴完再统一涂色。

第四，在道路上涂刷道路中

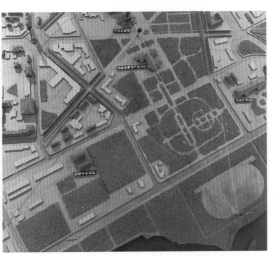

图 3-8 模型道路（大连规划展示中心）

线、斑马线等道路标志线。

第五，在相应的位置上粘贴草坪纸或撒草粉，粘贴模型树、路灯、模型车等，并标明道路名称。

（2）粘贴法。

第一，在模型底板上按比例绘制道路底图。

第二，在底图上直接粘贴成品道路地面材质贴。

第三，制作路牙和人行道，可选用的材料有有机玻璃、卡纸、木板等；粘贴人行道路材质贴。

第四，在相应的位置上粘贴草坪纸、模型树、路灯、模型车等，同时还应标明道路名称。

四、模型水景制作

水景（图3-9、图3-10）是建筑模型制作的亮点，能够增强模型的表现力，让模型更加生动。模型中的水景制作有静态水景制作和动态水景制作，主要包含的内容有大海、江、河、湖、池塘、沼泽、喷泉、瀑布、水花、海浪等，还包含海岸、水岸的模型制作和装饰。

1. 模型水景制作注意事项

（1）水景与岸边的高差处理。

高差的处理一般有两种方式，一是在比较厚的底板上，下挖底板，制作凹地；二是通过叠加的方式抬高水岸，形成模型水景与岸边的高差。

（2）水陆地交界面的处理。

水景和陆地的交接，可以是水面直接过渡到沙滩、沙地和土质陆面，亦可制作护堤，也可以将模型植物材料粘贴于水陆交界处。

（3）根据比例选择水底和水陆交接面的材料。

若是水景底部和水陆交界面有砂石、石景等，要根据比例购买材料，或是从外部环境中选取材料，若石材、沙子比例不对，会直接影响模型的整体效果。

（4）水景色彩。

模型水景色彩和模型整体色彩或风格要协调，可以模拟真实水景颜色，有些水景制作可以是单色，有些水景的制作需要多种颜色混合。总体来讲，模型水景清透明亮，蓝色不要过于浓郁，展示效果才会较好。

（5）水循环系统。

若需要制作真水循环，则需要安装水循环设备，水循环设备放在沙盘底板中，真水周围需做好防水。

2. 模型水景制作方法

仿真水景的制作可以直接选用模型造景泥、水景膏和造水剂，其制作方式已在材料介绍中说明。

图3-9 浪速町微缩景观模型局部（大连博物馆）

图3-10 小窑湾规划片区模型局部（大连规划展示中心）

（1）利用水纹纸制作模型水景。

利用水纹纸制作模型水景，所需材料有雪弗板、水纹纸、沙石沙砾、白乳胶、颜料、刷子等。利用雪弗板制作底板和驳岸，将水底水岸的高差或斜坡等形式制作出来；将颜料调成预期的水景颜色，最好有些色差和退晕，用刷子将颜料涂抹在雪弗板的水景部位；待颜料干燥后，切割水纹纸，并将其粘贴在颜料上面，营造出水景效果；将水岸涂抹白乳胶，并将沙石粘贴上去，为制作出更好的效果，沙砾石可以覆盖，再单独贴些大砾石，水岸效果会更好；待胶干燥后，可在沙砾石上面涂抹褐色或其他岸边颜料，让水景和水岸连接处效果更好。

水纹纸下面涂抹的颜色也可用蓝色卡纸代替，水纹纸可以模仿水的纹理，若是无须纹理，则可用有机玻璃代替，有机玻璃可以增加水的亮面和反射效果。沙砾石亦可用土质材料替代。

（2）利用颜料直接上色。

上色可以利用丙烯、油画颜料等颜料，通过画笔直接画出水面效果。丙烯和油画颜料可以铺得厚一些，营造水面的立体感；可在丙烯上直接涂刷水景膏，模仿真实的浪花或水花，立体效果更好；喷漆和水彩等颜料更适合制作平面感的水景。水岸需要铺一层白乳胶，粘贴沙石或土质材料，亦可在沙石和土质材料上上色。

（3）用石膏粉制作水景。

将石膏粉加水然后制作成水的模型，然后用颜料涂刷（图3-11）。

（4）蓝色压花有机玻璃制作模型水景。

制作模型水景轮廓，对蓝色压花有机玻璃进行切割，然后粘贴上去，粘贴时注意水面与岸边的过渡和衔接。

3.沙滩的制作

首先，在底板上制作沙滩的地形轮廓；其次，涂刷白乳胶；再次，在白乳胶上直接撒细黄沙或白沙等材料形成沙滩效果。制作中沙子材料需要将底板全部遮盖，若是一遍不足以全部遮盖，可在第一遍白乳胶干透后，在未遮盖完全处再次涂刷白乳胶，进行第二次沙子材料铺撒。

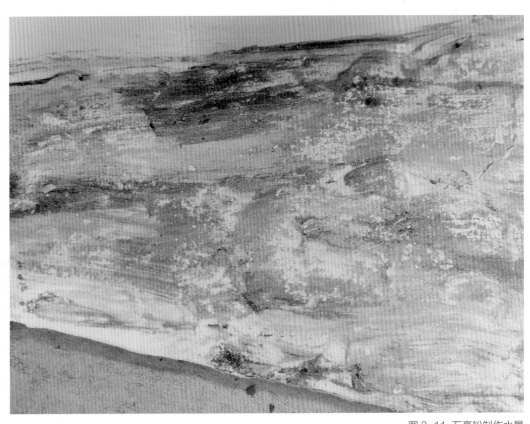

图3-11 石膏粉制作水景

规划类的建筑模型，需要制作若干单体建筑，制作时只需要制作建筑造型，内部结构无须表现。单体建筑的建筑模型一般需要制作建筑内部结构，有时还需要展示内部装修装饰。

一、建筑模型主体制作

建筑模型主体包含墙体、梁柱、楼层板等（图 3-12），制作时由底层到高层，层层累积制作。建筑模型主体制作需要注意以下几点：

（1）建筑主体制作前要确定预期的模型制作效果，然后才能确定建筑主体的质感、肌理、颜色等外观形象；建筑主体制作时要精细，有耐性，不能急于求成；要注重建筑细部的制作。

（2）按比例制作，先整体后局部，以减小误差。

（3）粘贴缝处理要干净利索，不要有明显缝隙和胶的流出。

二、建筑模型楼梯制作

楼梯模型包含了楼梯踏板、立板、承重梁、扶手和立柱等各组成部分，常见的楼梯类型有直跑楼梯、双跑楼梯和旋转楼梯。

1. 楼梯模型制作注意事项

（1）制作楼梯时选择合适的材料厚度。

楼梯模型的比例不同，选择的材料厚度不同，制作方式不同。如楼梯踏步的实际高度为 150mm，模型比例为 1∶50，则直接选用 3mm 厚的材料切割即可，其厚度就是立板高度。

若将制作好的踏步粘贴在承重梁之间，则承重梁材料厚度是踏步长度的一部分，若将踏步粘贴在承重梁上面，则踏步材料厚度也属于承重梁尺寸的一部分，所以制作楼梯时要考虑材料厚度。

图 3-12 建筑模型主体制作（作者：王天儒、武琛凯）

（2）制作楼梯模型要注意楼梯踏步的累积误差。

每一个构件的制作误差很小，可以忽略，但是将若干个构件组合在一起，其制作的误差就会累加，影响整个构件组合体的整体尺寸。

每层楼梯踏步数量很多，而制作的每一个踏步均可能有误差，再加上踏步间的黏结，所以楼梯模型很容易出现误差累积，造成楼梯模型高度过高、与上下楼层板搭接不上的问题。制作楼梯模型时，可以先制作楼梯两侧的承重梁，通过承重梁确定楼梯的踏板宽度和立板高度，然后根据尺寸对材料进行裁剪和打磨，使每一级踏步与承重梁尺寸对应得上，才能够有效保证楼梯模型与楼层板顺利搭接。

（3）楼梯模型的比例。

制作楼梯时，其踏板、立板、承重墙、扶手等部分需要按照比例进行制作，但楼梯井、扶手和栏杆立柱间距、扶手宽度可以根据模型本身情况，按照其美观性进行调整。如楼梯井实际尺寸为200mm，按照1∶50的比例制作建筑模型，其模型尺寸为4mm，可以按照4mm进行制作，亦可以稍微调整，制作成5mm~6mm亦可；如若扶手立杆净距实际尺寸为100mm，按照1∶50的比例，其模型实际尺寸为2mm，但按照2mm的尺寸制作，视觉上不美观，也不好制作，所以扶手立杆净距、立杆截面尺寸以及扶手宽度等小尺寸位置的制作可以不按照比例进行，意向即可。在制作楼梯模型时，哪一部分要按照比例制作，哪一部分可以示意和意向，不按照比例制作，要根据实际情况确定。

2. 双跑楼梯模型制作方法

（1）按比例制作承重梁，并用砂纸打磨。

（2）选择适合厚度的材料，对其进行切割和打磨。

（3）将踏步粘贴在承重梁之间，并打磨。

（4）切割双跑楼梯模型缓冲平台，并粘贴在楼梯模型缓冲平台的位置上。

（5）将制作好的楼梯模型与建筑上下层楼层板进行拼接粘贴。

3. 旋转楼梯模型制作方法

（1）选择合适厚度的材料，按比例用圆规绘制旋转楼梯的内圆和外圆，以选点为端点，以一定角度顺时针或逆时针绘制若干半径。

（2）按照绘制的线，切割踏步。

（3）将两个踏步完全重叠粘贴在一起，留出立板高度，剩余立面作为粘贴面，制作若干组。

（4）将各组踏步粘贴在一起，并打磨。

（5）将制作好的旋转楼梯模型与建筑上下层楼层板进行拼接粘贴。

三、瓦屋顶制作

制作瓦屋顶，首先需要制作屋脊和坡屋顶，常用的方法有四。一是，用瓦楞纸进行粘贴；二是，购买仿真瓦片，按照实际瓦的放置方式，即上瓦压下瓦，将仿真瓦片粘贴到坡屋顶上；三是，利用纸管制作瓦片（图3-13）；四是，在坡屋顶顺坡方向粘贴木条，此种做法是较为抽象的做法。

若是模型为彩色模型，模拟真实样貌来制作则采用前两种方式比较合适；若是抽象模型或是采用轻木制作的模型则可以采用第三种方式。

四、门窗制作

门窗是建筑的重要部分，窗框和窗棂可雕刻，玻璃部分可镂空或用透明材料贴上。可用激光雕刻（图3-14），亦可手工制作，常用的手工制作表达方式有以下几种：

1. 利用卡纸制作门窗

要制作建筑模型的门窗，首先需要在墙体上把门窗洞口切割出来，其次，根据洞口大小，确定卡纸大小，再次，在卡纸上将门窗框切割出来，将切割的纸质门窗框粘贴到门窗洞口处。也可切割PVC透光片贴到纸质门窗框上。为呈现更好的效果，卡纸门窗框可以切割两个，粘贴时将PVC透光片夹在两个门窗框卡纸的中间，最后再粘贴到门窗洞口处。

若模型建筑主体墙厚为5mm，门窗采用双层卡纸粘贴，则卡纸厚度可用1mm；采用单层卡纸粘贴，则卡纸厚度可用2mm~3mm，门窗框粘贴位置为墙体中间或向内部稍偏均可。若模型建筑墙体厚度为2mm，则门窗用单层卡纸即可，厚度可为1mm，粘贴到墙体内部较好，粘贴到墙体内部的纸质门窗框，为方便粘贴，外层门窗框可保留稍大一些。

2. 利用木条制作门窗

根据墙厚选择合适的木条规格，按照切割出来的门窗洞口切割木条，然后粘贴即可，以门窗框代替门窗的制作。也可在制作好的门窗框的一侧，覆盖一层PVC透光片透明或半透明的亚克力材料，粘贴时门窗框朝外。

制作小门窗时，可以只制作门窗框，但是制作面积大的门窗或是彩色门窗，需要粘贴透明或半透明的门窗材料，充当玻璃。

五、玻璃幕墙制作

玻璃幕墙外面是玻璃，里面有幕墙支撑结构架，建筑模型制作时，需要将幕墙支撑架制作出来，再在支架外侧或内侧粘贴制作玻璃的材料，这种方式即可制作平面玻璃幕墙。制作弧形幕墙，应先制作支撑架，然后将制作玻璃的材料按照支撑架间距，进行完全切割或不完全切割，然后粘贴在支撑架内侧，支撑架需遮住切割缝，若选择PVC透光片作为模型的玻璃幕墙材料，可进行不完全切割，若采用有机玻璃，则需要完全切割。

制作玻璃幕墙可以直接用有机玻璃，用美工刀轻轻在有机玻璃上分割，再用刀背加深划痕，然后在划痕处涂抹颜料即可。涂抹颜料应将美工胶带粘在颜料外面，以保证颜料边缘平直，可用毛笔小心涂抹，亦可将毛线沾染颜料，再将毛线两端拉直，放在划痕处。

图3-13 利用纸管制作瓦片

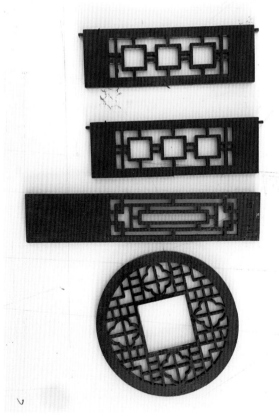

图3-14 门窗

建筑模型的配景制作对于模型表达和最终效果十分重要，配景主要有绿化和各种配件，绿化模型制作包含了绿地和树木制作，模型配件包含了人物、车辆、路灯、标志、小品等，种类丰富，形式多样，能够烘托模型整体的氛围。

建筑模型配景构件可以直接按比例购买成品，如栏杆、瓦片、凉亭、廊架、雕塑、垃圾桶、路灯、人物模型和汽车模型，以及树木模型等，成品效果逼真，大多是 3D 打印的，颜色丰富。但有些模型配景需要根据建筑模型的整体要求进行制作；植物模型也能够直接按比例购买成品，颜色多为绿色，也有黄褐色。

不同类型的建筑模型，绿化的体量是不同的，规划类建筑模型绿地体量大、种类多、形态丰富，不仅有建筑附属绿化，还有道路绿化、公共绿地绿化等，绿化模型的制作能够直接影响模型的最终效果；单体建筑模型绿化体量较小，是建筑主体的附属绿化，主要功能是点缀建筑主体；室内空间模型可以不用制作外部绿化；而园林模型和景观模型的绿化制作比例较大。绿化形态丰富，有乔木、灌木、地被、绿篱、花坛、花镜等多种形式，其制作方式方法也多种多样，我们主要介绍手工制作绿化模型的方式方法。

一、绿地制作

1. 绿地制作注意事项

绿地（图 3-15）制作主要注意的事项是绿地颜色的选择，绿地颜色可以作为模型的基调颜色或建筑的背景颜色，所以绿地的颜色要考虑建筑模型的整体风格和建筑颜色。绿地颜色可以是绿色，也可以

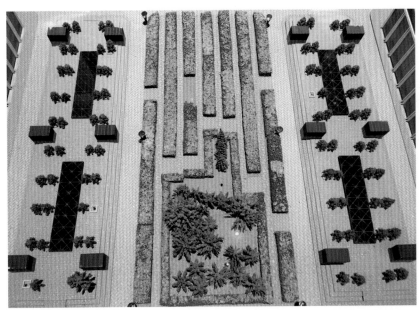

图 3-15 绿地模型（大连规划展示中心）

第四节 建筑模型配景制作

用其他颜色。若是绿色可以是深绿、浅绿、黄绿、草绿、蓝绿、橄榄绿或多种绿色的混合，常用的是深绿、浅绿、橄榄绿等；若绿地为其他颜色，可以选择与建筑主体相同的颜色，且绿地上的其他植物颜色亦与绿地颜色相同，以保证模型在颜色上的统一，常见的颜色有黄褐色，有时也可用橘黄或朱红色作配景绿地或局部绿地颜色。

2. 绿地制作方法

（1）使用草粉或草皮纸制作绿地。

使用草粉、草皮纸制作绿地的方式已在上面材料介绍中说明。在土地上撒草粉，可用丙烯或水粉颜料加入适量石英砂、腻子粉、白乳胶，搅拌混合均匀，调出土地颜色，用刷子涂抹做模型土地，然后均匀铺撒草粉（图3-16）。

（2）使用颜料绘制绿地。

这种方法主要通过水粉或油画等颜料在绿草地上进行颜色绘制，颜料可随意搭配，并具有一定厚度，需要将草地的厚度、阳光照射后表面颜色的变化和草地本身表现出来，可以进行抽象或写实的绘制。绘制草地需要与周边环境的制作很好地结合。

（3）使用木屑制作绿地。

首先木屑要均匀，用筛子将小颗粒的木屑筛出来，然后经阳光晒干；其次，在草地区域涂抹白乳胶或喷涂喷胶；再次，将木屑均匀撒在胶上，用手抹平；最后，将多余的木屑清理出来。如果木屑本身颜色与模型整体预期效果符合，则绿地制作完成；若是木屑自有颜色不能满足模型要求，可直接在木屑上喷色漆或用颜料上色，以达到想要的效果。

3. 平地绿地与山地绿地制作

草皮纸适用于平地绿地，具体制作方式已在草皮纸材料介绍部分说明。使用草粉、颜料和木屑来制作绿地，可以制作平地亦可制作山地等复杂地形。山地绿地的制作首先应先制作地形，堆砌地形后，将纸弄潮湿，覆盖在地形上面，使地形起伏平顺，待干燥后喷色漆、上涂料或是撒草粉等均可。在色彩方面，山地的绿地色彩是有变化的，山南、山北、高处、低处、近水处、入水处等各区域颜色要有区分和变化，颜色过渡要自然，颜色选择参照现实环境颜色或根据模型整体颜色进行调整。

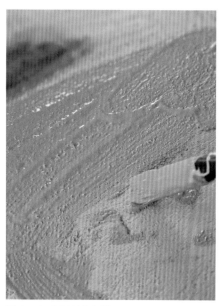
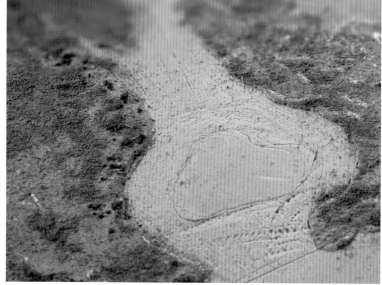

图3-16 草粉制作绿地

二、树木制作

树木的制作包含乔灌木、树池、绿篱等形式；制作树木的材料也有很多，如卡纸、树粉、金属丝、海绵、塑料珠子、玻璃球、圆柱、松果、牙签、毛线、自然的树枝和落叶等等。材料不同，制作方式不同，呈现出来的效果也不同。制作树木时要根据自身情况和条件，选择合适的材料和方式方法。

1. 树木制作注意事项

（1）树木的比例和尺度。

树木的比例，决定了树木的表现形态。制作树木模型要注意树的高度和冠幅，树木过大或过小都会让建筑比例显得失真，模型整体比例不协调，所以树木比例也应按照模型比例和建筑模型制作深度来确定。

（2）树木的形态。

树木的表达可以具象可以抽象，具象树木模型可直接购买或是撒树粉制作；抽象树木模型制作将自然的树木形态进行高度概括，将制作复杂的部分省去，只表达大致形态或主要特点，如，只表现树枝树干，效果也较好。

（3）树木的色彩。

自然界的树木色彩十分丰富，亦有季相植物景观，表现在模型中则需要将颜色统筹调整，颜色不能太过杂乱，要与模型整体颜色相匹配，不能喧宾夺主。

（4）树池制作。

树池面积不大，该细节处理好，可以明显增强模型效果。根据模型总体效果，树池制作可以省略。树池较周边下凹一些，有的正方形，有的圆形。树池边缘线参照实际环境制作。

2. 乔灌木制作方法

在制作前，首先了解乔木和灌木的区别，乔木是有独立主干的木本植物，灌木则是没有明显主干、呈丛生状态的木本植物。乔灌木的制作方法很多，形式多样，制作时不拘泥于特定方式方法，应大胆创新，勇于尝试。制作乔灌木的材料可直接使用自然界的树枝，但一定要注意比例，选择分支多的小树杈，亦可以自然界中的干枝和枯叶为材料制作模型乔灌木；模型乔灌木制作也经常用卡纸、金属丝（铜丝或铁丝容易弯折塑形）、海绵等材料。

乔灌木的制作方法一般有抽象制作方式和具象制作方式，将树木制作成几何形体的方式为典型的抽象表达方式，将树粉撒在枝干上的方式是具象表达方式，抽象和具象之间没有明确的区分，将具象的树木经过不同程度的抽象和概括，能够形成不同的抽象成果。

（1）使用树粉制作乔灌木。

使用树粉制作乔灌木，需要购买成品树枝模型和树粉材料，树枝用刷子涂抹白乳胶，再撒树粉，待白乳胶干透后，对乔木模型进行整理和修剪。灌木制作只需要将购买的成品树枝的树干切掉，再按照灌木的制作方式撒树粉即可。

（2）使用金属丝制作乔灌木。

乔木的树干和树枝，选用细铁丝或细铜丝为材料，可以使用多股电线，将电线的绝缘外皮剥掉，仅用内部的铜丝，用尖嘴钳子将多股金属丝缠绕拧紧，作为树干，拧到一定长度后，将多股金属丝进行分叉，并参照树枝形态进行调整，最后定型。根据模型风格和预期效果，用金属丝制作的树干和树枝可直接作为乔木使用，也可对其进行统一上色后粘贴到模型绿地上面。

用金属丝制作灌木与制作乔木方法相同，只是用尖嘴钳子缠拧的树干部分小些，最好成一个点，然后直接分支，调整树枝形态即可。也可以在金属丝做成的枝干上面抹胶、撒树粉，制作带颜色的乔灌木。

（3）使用海绵制作乔灌木。

使用海绵制作乔灌木（图3-17）是对自然树木极度抽象的表达方式，在制作乔灌木的时候，一般将自然的树木直接概括为球形、椭圆形或圆锥形，落叶树种采用球形或椭圆形，常绿树种多采用锥形。

海绵制作乔灌木的工具一般选择剪刀。制作前，先确定乔灌木的高度和冠幅，按照冠幅尺寸

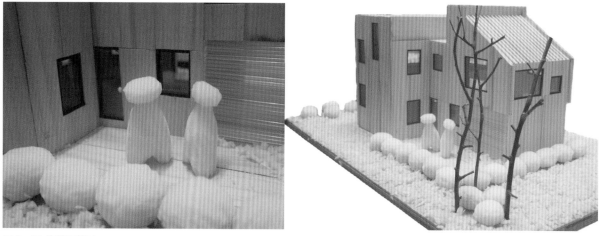

图 3-17 海绵乔灌木

用剪刀将海绵剪成正方体；然后从棱角开始，逐渐修剪，将其修剪成球形、椭圆形、锥形或圆柱形，这样乔灌木的树冠就制作完成了。若是制作灌木，直接将球形树冠粘贴到绿地上即可；对于乔木的制作，如果要强调树干或乔木的高度，可以在剪完的球形树冠下粘贴木棍或塑料棍，代表树干；如果树干尺寸较小，树干可以忽略不做。根据模型整体颜色和预期效果，可直接用海绵自身颜色，也可对海绵进行上色处理。

（4）使用卡纸制作乔灌木。

使用卡纸制作乔灌木也是一种抽象的表现方法，主要利用二维的平面卡纸呈现乔灌木植物模型。卡纸表达植物模型的形式主要有 5 种。

一是，直接以二维平面的方式呈现树木整株或树干的立面，按照抽象的树木立面用美工刀切割即可；或是用卡纸分别制作枝干和树冠立面，再粘贴一起；也可以用卡纸先制作树干立面，再剪切树叶（或是直接使用真实植物的树叶），将树叶一片一片贴在树枝上。

二是，将二维树木立面进行十字形拼接或穿插；制作两个完全相同的树木立面，将其中一个立面对半切开，再粘贴到另外一个完整的树木立面上，呈十字形。或是在两个树木立面上设计穿插缝，并切割，将两片树木立面穿插呈十字形。

三是，用薄一些的卡纸制作树干，可直接将卡纸制作成筒形作为树干，再将卡纸围成锥形，粘在顶部，然后制作多层锥桶依次从上往下粘贴，

形成塔形植物模型造型；锥形和锥桶的卡纸外缘可以剪成一条一条。

四是，立体卡纸制作植物，先制作十字形的树木枝干，再制作树叶，将树叶贴在树干上，树叶亦可以用真实植物的叶子，叶子的大小要注意与树木比例相适应。

五是，用卡纸制作植物纸雕，是比较具象的制作树木的方式。

（5）其他材料制作乔灌木。

可直接把塑料珠子、玻璃球当作树木使用，使用时对其着色。

3. 绿篱制作方法

绿篱是修剪成形的，起到遮挡、隔离、引导视线等作用，一般呈条状。

（1）使用海绵制作绿篱。

将海绵修剪成绿篱的形状即可。根据模型整体颜色设计，可直接用海绵本色，或给海绵上色，抑或涂抹白乳胶撒树粉。

（2）使用 KT 板或雪弗板制作绿篱。

先将 KT 板或雪弗板进行切割和粘贴呈绿篱形状，如若绿篱是笔直长条状，则直接围合绿篱形状即可；如果是曲线模纹状绿篱，则需要将 KT 板或雪弗板按模纹平面进行切割，高度不够可以再加一层，然后粘贴在一起，再在 KT 板或雪弗板上涂抹白乳胶撒树粉。

（3）使用椴木片、厚卡纸、有机玻璃制作绿篱。

直接用激光雕刻机按照绿篱平面将材料雕刻出来，然后粘贴在底板上即可。制作时注意材料的厚度。

三、小品构件制作

小品构件作为建筑模型的配景，丰富多样，有栏杆扶手、人物及动物、车辆、路灯、路牌、雕塑、假山、亭榭、花架、景桥、家具、标题、指北针、比例尺等等。虽然很多小品构件能够直接买到成品，但是有些成品构件并不经济，或是购买不到预期效果的成品，所以一些小品构件仍需手工制作。

1. 栏杆和扶手

栏杆和扶手作为建筑模型构件，常见于楼梯、建筑平台、建筑室外环境台阶、坡道或平台。制作栏杆和扶手，由于比例和制作工艺的限制，很难将其准确地按照比例进行制作，所以一般进行概括处理，将栏杆和扶手的样式清晰展现，只有栏杆和扶手高度按照比例制作，细节制作则无须严格地按照比例。

常用的栏杆和扶手制作材料与方法有以下几种：

（1）使用有机玻璃制作栏杆和扶手。

使用有机玻璃制作栏杆和扶手常选择1mm厚的有机玻璃材料，一般有三种方式。一是，直接切割有机玻璃材料，将其粘贴作为栏杆或扶手；二是，用美工刀背面，在有机玻璃上制造划痕，

然后在划痕上涂抹颜料，擦去不慎涂在有机玻璃面上的多余颜料，栏杆或扶手便制作完成；三是，将栏杆或扶手的立面样式打印在纸上，手绘亦可，然后裁剪纸张，再粘贴到有机玻璃上，便完成栏杆和扶手的制作。

（2）使用激光雕刻方法制作栏杆和扶手。

用CAD绘制栏杆或扶手立面，然后选用卡纸、有机玻璃、椴木片或雪弗板，利用激光雕刻机进行打印。

（3）使用卡纸制作栏杆和扶手。

选用厚卡纸，按照栏杆或扶手的立面样式，对其进行切割，这样便形成凹凸的立体感。

（4）使用PVC杆或小木杆制作栏杆和扶手。

直接用PVC杆或小木杆进行栏杆或扶手的拼接，要注重杆与杆的间距和平整度，不要有胶流出和胶缝，以免不整齐。

2. 人物和动物

人物和动物模型能够很好地渲染建筑模型气氛，让模型更加生动。很多人物和动物模型都是直接按比例购买成品，样式多，形态十分丰富，有适合概念模型的，亦有适合具象模型的。

模型中手工制作的人物和动物模型亦有很多，常用的方法是剪影法，即将材料切割成人的轮廓，合适的材料有薄木片、卡纸。卡纸可以弯折，能够呈现人和动物行走等动态剪影，但卡纸需要有与模型地面粘贴的粘贴面，薄木片切割完成后可直接粘贴到模型地面上。模型人物和动物也可将海绵剪成所需要的形状，亦可用橡皮泥、黏土捏成人形和动物形，也有用细铁丝或细铜丝弯折成人或动物的轮廓等等。

3. 车辆

建筑模型的车辆模型（图3-18）一般直接按比例购买成品，手工制作并不常见。车辆模型常放在道路上和室内外停车场内作为点缀，能更加明确停车场的位置。在放置车辆模型时，要注意车辆的大小、颜色，虽然实际中的车辆体量各不相同，但在模型中放置的模型车辆大小要保持

图3-18 车辆模型（大连规划展示中心）

一致，车辆颜色亦需要搭配，可根据模型整体颜色选择单一模型车辆颜色，还应合理分配位置，以免显得凌乱。

4．路牌

路牌是室外景观的标识，有标识牌、支架或支撑，一般情况下路牌的体量相对较小。制作时要注意路牌的比例和制作细节，细节处理不好会显得很粗糙，另外制作路牌的材料要一致，且路牌上的字体、字号、颜色应统一，以免过于凌乱。

路牌的制作常用以下两种方式：

（1）利用激光雕刻机切割制作。

选用有机玻璃、椴木片或卡纸等材料，用CAD绘制路牌的立面图，直接在材料上切割外轮廓，同时标识牌上的内容直接用激光雕刻进行不完全雕刻。

（2）利用打印方式制作。

打印法有两种，一种是直接将标识牌内容打印在纸上，再粘贴在标识牌上，再用PVC杆或木杆支撑标识牌；另一种是将标识牌上的内容切割出来粘贴在标识牌上，这样制作的标识牌会有凹凸，立体效果好。

5．模型灯

模型灯（图3-19）的类型有庭院灯、路灯、草坪灯、信号灯、景观灯等，每种类型有多种样式。模型灯常放置在模型道路和景观中，一般直接按比例购买成品，特殊情况进行手工制作。市面上销售的模型灯有发光和不发光两种，如果无须灯发光，直接将成品模型灯粘贴在沙盘上即可；若需要模型灯发光，则需要购置可发光模型灯，有些模型灯下面有电线，需要将电线连接到底盘的电路上。

6．雕塑、假山

雕塑和假山是艺术性非常强的景观小品。平面雕塑可直接在材料上切割，立体雕塑可采用3D打印技术，这需要较好的软件水平，立体雕塑亦可以使用黏土或石膏，用刻刀手工雕刻，但需要有较好的雕刻技术。

假山可以采用叠山的手法（图3-20）制作，精心挑选合适的泡沫，将其进行叠加，然后用塑型布包裹，白乳胶粘贴定型，最后上色、撒草粉制作完成；亦可以使用有机玻璃片、石块等不同

图3-19 模型灯

图3-20 叠山法假山模型步骤

材质的片材和块体制作。

在制作雕塑和假山时可以对其进行概括和艺术处理，在体量适宜的基础上，细节上可以进行二次设计。

7. 亭榭、花架、景桥

亭榭（图3-21）、花架和景桥是模型景观的点睛之笔，它们本身就是重要的景观设施，其功能和景观价值都是很高的。其制作方式与建筑主体类似，很多地方也可以概括处理，抽象表达，制作时要注意比例，制作完成后要注意与周围环境、模型道路、高差的衔接。

8. 家具

建筑室内模型需要有家具模型的配置，家具模型种类丰富，制作时要注重细节，结合实际应有物件，将室内陈设尽可能地全都表示出来。常见住宅中的家具模型有床、床头柜、衣柜、写字台、橱柜、餐桌、椅子、鞋架、沙发等等，有的模型中还会有花艺、餐桌上的摆台、炊具、鞋子等。一般直接根据比例购买家具模型成品，若购买的是白色的3D打印成品模型，可对其上色再粘贴到建筑模型主体上，而手工制作的家具更具趣味性。

家具模型制作得越细致，模型越精美。如制作床模型，不仅要制作床体本身，还应该制作床上用品，包括枕头、被子、床单等。如果用布料制作床上用品会涉及一些简单的针线活，也可以直接用模型材料制作，然后贴上即时贴或上色等处理。又如，制作柜子应将柜子上的凹凸装饰线、门、门把手等细节制作出来。

家具模型制作要进行倒角处理，切割完成的家具和摆件的边缘和四角均有棱角，棱角用砂纸打磨，使其变钝角或圆角，但倒角不宜过大。

图3-21 亭

9. 模型信息标注

模型信息标注主要包含模型名称、指北针和比例尺三个部分。制作完模型后，应该注明模型的名称、指北针和比例尺。模型名称和比例尺是一个整体，一般一起制作，标注的位置常放于建筑模型底盘上的右下角、左下角、左右侧或上边的空白处，指北针可以与模型名称一起制作，亦可单独制作，单独放置。

模型信息标注有标识功能，让观赏者识别模型名称、内容、方位、比例、体量等；同时，模型信息标注亦有装饰功能。模型信息标注要有美感和观赏性，不能草草制作了之，否则会降低建筑模型的整体效果。模型信息标注中的文字要言简意赅，指北针指向明确，字体、指北针的样式和大小要适宜，模型名称、比例尺、指北针等模型信息内容要有排版设计。

常用的模型信息标注制作方法：

（1）展示牌法。

展示牌法（图3-22）是将模型名称、指北针和比例尺等模型信息标注制作成展示牌，简单的做法是将模型信息内容打印、手写下来，制作成小标签，再将小标签放在标签夹中，再将标签夹固定在沙盘上，亦可将小标签粘贴在椴木片、雪弗板、有机玻璃等材料上再粘贴。

图 3-22 模型信息展示牌（大连规划展示中心）

模型信息标注也可以使用有机玻璃制作（图3-23），固定有机玻璃的方式可以是粘贴，亦可以用螺母固定有机玻璃四角或两个短边。

（2）注释信息雕刻法。

注释信息雕刻法是将模型名称、指北针和比例尺等信息雕刻出来，粘贴于底盘上，该方法常用的雕刻方式是激光雕刻，亦可手工雕刻；常选用的材料有椴木片、有机玻璃、金属片、厚卡纸、雪弗板等，因为材料有一定厚度，所以模型名称、指北针和比例尺等模型信息能够呈现出立体感（图3-24）。

图 3-23 有机玻璃信息牌（大连规划展示中心）

图 3-24 激光雕刻模型信息（大连规划展示中心）

一、建筑模型灯光制作

灯光在建筑模型中十分常见，它可以增强模型的艺术感，能够让模型变得更加真实。模型灯光制作可以根据建筑室内外实际发光点设置，例如直接将光源设置在路灯、地灯上，亦可以根据模型本身设计发光位置，如规划模型中为使一整栋建筑发光变亮，须在建筑内部不同位置设置发光点或安装灯带。

模型灯光有黄色、白色、红色、蓝色、橘黄、绿色等多种颜色，常用的是黄色和白色。光源控制有固定开关式、遥控式、智能式等多种形式。光源亮光的形式有静态常亮式、动态快闪和慢闪式、间歇式亮暗，其中间歇式亮暗的发光时长和不发光时长是可以设置的。

1. 模型光源种类

模型灯光源种类有灯带、LED 灯珠和光导纤维等。

（1）灯带。

灯带（图 3-25）一般指 LED 灯带，有两种形式，一种是 LED

图 3-25 灯带（大连规划展示中心）

细灯条，另一种是串灯。LED 细灯条一般每条长 1m，宽度 2.5mm，长度不够可以接，灯条上的灯珠数量不同，有每米 120 个灯珠的，亦有每米 60 个灯珠的；LED 细灯条的电压多种，有 3V、5V、12V 不等。串灯有不同的长度，常见的有 1m、2m 和 3m，串灯上的灯珠没有细灯条密集，常见的为每米 10 个灯珠左右。灯带电线结尾可接电池盒上，也有 USB 插头的。购置灯带时有带开关和不带开关的。

（2）LED 灯珠。

LED 灯珠是发光二极管，其价格便宜，发光时无升温现象，有多种发光颜色，耗电量低。发光二极管常见的规格有 3mm 和 5mm（以灯珠宽度为测量基准）。发光二极管下面有两个引脚，一般长脚正极，短脚负极。发光二极管的电压尽量控制在 5V 以内，5V 以内，发光二极管的正负极接反，表现为不亮。现在亦有无极发光二极管，长短脚正接还是反接，发光二极管均亮，但颜色不同。超过 5V 的电压，正负极接反，发光二极管有被烧坏的可能。发光二极管可用于模型细节的灯光照明，如模型中的路灯、指示灯、建筑角落、绿地等，能够增强模型的层次感。

带线 LED 灯珠，其灯珠下面不是长短脚，而是两条细电线，电线长度不够可以接线。

（3）光导纤维。

光导纤维（图 3-26）是一种透明线型材料，导可见光但本身不发光，发光时无升温现象，且不导电，韧性好可以弯曲。光导纤维规格不统一，从 1mm 到 10mm 不等，另有更大规格。光导纤维应用时需要将光导纤维的一端接到发光源上，光源是什么颜色的光，光导纤维便发出什么颜色的光，光导纤维的光柔和不刺眼。光导纤维的导光形式一般两种，一种是通体导光，侧面尾部均发光，靠近光源部分会特别亮些；另一种是尾部发光，侧面不发光。使用光导纤维最好配置光源发生器，把光导纤维固定在光源发生器上，效果更好。

2. 模型电路连接

建筑模型电路连接，主要有开关控制方式、遥控控制方式、智能互动方式等，其制作的复杂程度不同，应用情况亦不同。

（1）开关控制电路方式。

开关控制光源（图 3-27）发亮的电路方式就是在使用时按动开关，光源即会发亮。可以是单一开关控制全部光源，也可以是多个开关分别控制不同光源。开关控制的电路可以进行简单制作，常用的方式是并联电路连接和串联电路连接。

并联电路连接优势在于其中一组光源不亮，不影响其他光源发光，出现问题时只需要检查不亮的光源即可；串联电路连接方式相对简单，但一组一个光源不亮，整组所有光源均不亮，出现问题时需要对一个一个光源进行排查。

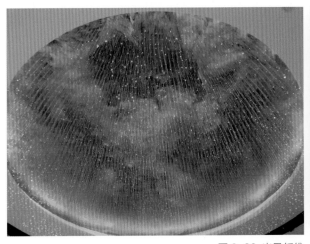

图 3-26 光导纤维

图 3-27 模型开关

（2）遥控控制电路方式。

遥控式的电路控制方式一般用于大型沙盘的讲解和介绍，讲解员讲解哪部分，可利用手中遥控让哪部分的光源发亮，发亮的光源可以迅速集中观众的视线，让讲解更加清晰明了。遥控式控制电路的方式需要购置遥控器、开关等相关设备。

（3）智能互动方式控制电路方式。

智能互动方式的电路控制一般见于展览馆中，模型旁边会配置屏幕，观众可以用手直接触动屏幕上的内容了解模型展示的内容，点击屏幕会有介绍，相对应的模型部分也会发亮。

3. 模型电源

建筑模型的电源常用的有电池、移动电源和固定电源两种。

（1）电池。

电池是常用供电设备，主要包括 5 号电池、7 号电池等普通电池和不同型号的纽扣电池等。使用电池需要购买电池盒，将电池盒上的电线与模型电线连接，使用时将电池放进电池盒中即可，放置时注意正负极。现在也有 USB 接口的电池盒，使用 USB 接口电池盒，模型尾端需要 USB 插头，使用时直接将模型尾端的 USB 插头连接到电池盒上的 USB 接口即可。

（2）移动电源。

移动电源应用范围越来越广，充电宝、手机、PAD、电脑等移动设备均可作为移动电源。使用移动电源时模型尾端需要 USB 插头，将 USB 插头直接插入充电宝或电脑上即可；若用 PAD 或手机作为移动电源，PAD 和手机需要带有 OTG 反向充电功能，并使用 OTG 数据线，否则不能实现充电功能，数据线的 Type-C 接口接在 PAD 或手机上，数据线的另一端是通用 USB 接口，将模型尾端的 USB 插头插入数据线 USB 接口上即可。

（3）固定电源。

固定电源使用的是交流电源，能持续供电，电压稳定，主要用于大型模型中。使用固定电源可以直接将电线连接到相应的零线和火线上，亦可以连接到插头上，然后将插头插入插座上。使用固定电源对模型位置有要求，模型需要距电源位置近一些，距离远则需要使用长线的插排进行连接。

二、建筑模型声效制作

建筑模型声效主要表现的是模型语音讲解系统和配乐系统，模型声效让本来无声的建筑模型变得有声，能够将观众的听觉调动起来，有助于观众对模型的深入理解。

比较简单的方式是直接将音响放在模型旁边，用手机、电脑连接音响，然后播放制作好的音频文件，最好配有背景音乐效果会更好。

比较复杂的是大型模型的展示系统，将声效与灯光、图片、视频同步播出，图片、视频在大屏幕上播放，声效由独立专业音响设备播放，系统由计算机后台控制，在现场与观众形成智能互动，观众操控屏幕进行播放。音频是制作好的文件，里面包含了文字解说、背景音乐、风声、虫鸣、鸟叫、汽车声、沙沙的树叶声等各种声音，制作时需要提前准备一些声音的素材。整个系统立体循环，使模型的展示功能更加强大而震撼。

小结

建筑模型制作，要先计划后实施，先整体后局部，制作过程中可以根据实际情况调整模型制作计划和制作步骤，要结合实际情况综合考虑使用的材料、工具和制作方式，避免材料浪费、资金浪费和时间浪费。在模型制作过程中注意安全，避免受伤，使用刺激性气味材料时要保证通风；制作过程中产生粉尘时要做好防护，以免弄脏环境或让粉尘进入眼睛。模型制作完成后，要对其进行检查，保证模型的完整度和观感。模型各部分制作方式和技巧多种多样，制作时可以打开思路进行创新，根据实际情况设计新的制作方式，以达到预期目的。

课后思考：

1. 建筑模型制作的基本流程。

2. 如何确定建筑实体模型的比例？

3. 地形制作方法。

4. 水景制作材料和方法。

5. 绿地制作方法和材料。

6. 乔灌木制作材料和方法。

项目实训1——建筑室内模型的制作

1. 实训内容

根据建筑室内平面图，手工制作标准两室一厅建筑室内实体模型。

2. 实训目的

在实训中掌握建筑模型制作的流程和步骤。

3. 过程指导

（1）确定模型制作内容和模型比例。

（2）确定模型制作风格和制作方案。

（3）准备材料和工具。

（4）建筑室内模型底盘制作与两室一厅平面图放样。

（5）建筑室内地面、墙体、门窗展开图绘制、切割和打磨、装饰贴面。

（6）建筑室内家具制作，可直接使用按比例购买的家具构件。

（7）建筑室内模型材料粘贴。

（8）建筑室内模型的装饰与展陈。

（9）建筑室内模型检查、卫生清理。

（10）建筑室内模型摄影及保存。

4. 实训成果要求

模型底板大小600mm×350mm,右下角处贴上标签,标签内容包含模型名称、姓名、学号、比例等信息,最终上交建筑室内模型实体。

项目实训2——模型地形制作

1. 实训内容

使用等高线法制作地形模型。

2. 实训目的

在实训中掌握建筑模型地形制作的方法。

3. 过程指导

（1）确定模型比例，计算地形的范围和高度。

（2）选择材料，制作模型底板。

（3）选择2mm厚的材料，用来制作地形。

（4）从下往上开始制作，在2mm厚的材料上绘制底层（第一层）等高线，并切割，粘贴到底板上。

（5）绘制第二层等高线并切割，粘贴到第一层等高线的适当切片上。

（6）以此类推直至最高层，完成绘制、切割和粘贴。

4. 实训成果要求

模型底板大小1000mm×1000mm,右下角处贴上标签，标签内容包含模型名称、姓名、学号、比例等信息，最终上交模型实体。

项目实训3——模型水景和驳岸制作

1. 实训内容

利用水纹纸制作模型水景。

2. 实训目的

在实训中掌握建筑模型水景和驳岸制作的流程和步骤。

3. 过程指导

（1）准备材料，包含雪弗板、水纹纸、沙石沙砾、白乳胶、颜料、刷子等。

（2）利用雪弗板制作底板。

（3）制作驳岸。

（4）调和并涂刷水景颜料。

（5）切割并粘贴水纹纸。

（6）制作水岸，涂刷白乳胶，粘贴砾石沙石，再涂刷陆地颜色。

（7）卫生清理、模型摄影及保存。

4. 实训成果要求

模型底板大小600mm×350mm,右下角处贴上标签,标签内容包含模型名称、姓名、学号、比例等信息,最终上交水景模型实体。

项目实训 4——建筑配景树木制作

1. 实训内容

使用树粉制作模型树木。

2. 实训目的

在实训中掌握模型树木制作的流程和步骤。

3. 过程指导

（1）准备树枝模型和树粉材料。

（2）在树枝上涂抹白乳胶。

（3）撒树粉。

（4）白乳胶干透后，修剪树木模型。

（5）卫生清理、树木模型摄影及保存。

4. 实训成果要求

最终上交树木模型实体。

项目实训 5——建筑模型灯光布置

1. 实训内容

使用发光二极管进行建筑模型灯光布置。

2. 实训目的

在实训中掌握建筑模型灯光布置的流程和步骤。

3. 过程指导

（1）准备材料：底板材料、3个发光二极管、电线、开关、电池盒和电源。

（2）使用并联方式连接，将发光二极管和电池盒与电线盒开关相连接。

（3）将并联电路粘贴到底板上。

（4）安装电源。

（5）测试光源是否发光。

（6）模型摄影及保存。

4. 实训成果要求

模型底板大小600mm×350mm，右下角处贴上标签，标签内容包含模型名称、姓名、学号、比例等信息，最终上交模型实体。

CHAPTER 4

一

第四章

建筑模型制作
实训

学习目标

通过具体模型制作的学习，对建筑模型制作全过程进行解析，熟练掌握建筑模型制作程序、方法、技巧和注意事项，将前三章所学融会贯通，完成预期的模型制作。

学习任务

1. 掌握几何形体的展开图绘制和制作，能够应用卡纸制作几何形体和曲面。
2. 掌握古建筑模型的制作方式和技巧，能够制作古建筑模型和规划模型。
3. 能够制作小型建筑和大型建筑模型。

任务分解（重点、难点）

本章任务分解表详见表 4-1 至表 4-3。

表 4-1 第一节 几何形体模型制作实训

内容	技能与方法	学习知识点	考核点	重点、难点
卡纸几何模型制作计划	1. 掌握正多面体展开图和球体展开图的绘制方法 2. 掌握几何形体模型制作技巧	编制几何模型制作计划	1. 能够绘制多面体和球体（曲面）的展开图 2. 能够制作几何形体模型	重点：球体（曲面）模型制作 难点：展开图的绘制
多面体模型制作		1. 正多面体模型制作 2. 不规则多面体模型制作		
球体（曲面）模型制作		1. 球体（曲面）展开图绘制 2. 球体（曲面）模型制作步骤和技巧		

表 4-2 第二节 古建筑模型制作实训

内容	技能与方法	学习知识点	考核点	重点、难点
斗拱模型制作	1. 掌握古建筑相关知识 2. 掌握古建筑模型制作方式和技巧	1. 斗拱基本知识 2. 斗拱木质实体模型制作方式和技巧	能够制作古建筑模型以及建筑细部构造	重点：古建筑模型制作 难点：古建筑基础知识
北京故宫模型制作		1. 古建筑基本知识 2. 北京故宫基本布局和故宫建筑 3. 北京故宫中轴线外朝模型制作方式和技巧		

表 4-3 第三节 现代建筑模型制作实训

内容	技能与方法	学习知识点	考核点	重点、难点
别墅模型	掌握建筑模型制作的技巧和方法	单体建筑制作方式	能够将设计转化成建筑模型实体	重点：建筑模型制作方式方法 难点：建筑模型制作技巧
苏州博物馆模型制作		1. 苏州博物馆基本知识 2. 苏州博物馆制作方式和技巧		

　　几何形体模型制作是建筑模型制作的基础训练，一些复杂体块的建筑模型围合需要用具有可弯性的卡纸来制作，从简单的正六面体开始，再到其他正多面体，最后是球体。正多面体的制作是不规则多面体制作的基础；球体的制作是曲面模型的基础，参考球体的曲面制作模式，能够较好地解决建筑模型中曲面制作的难题。该实训目的是掌握卡纸制作几何形体模型的方式方法，以及制作曲面的技巧。

　　本实训选择卡纸作为几何形体模型制作的材料，卡纸具有可弯性，厚度不同，弯曲程度不同。越薄，弯曲性越好；越厚，越难弯曲但越有质感，厚纸板则不具备弯曲性了。制作模型时根据需要选择卡纸，若制作平面，选择厚一些的卡纸较好；若制作曲面，则厚度适中为宜，既有质感又有弯曲性；当曲面较复杂时，可选用薄一些的卡纸，比较容易弯曲。

一、卡纸几何模型制作计划

　　卡纸几何模型制作计划见表 4-4。

表 4-4 卡纸几何模型制作计划

几何形体模型制作计划	小组讨论	1.讨论制作几何形体模型的方案 2.确定模型材料、使用工具和制作方式 3.确定模型体量、选择合适的纸张大小 4.模型小组分工
	绘制几何形体展开图	1.绘制多面体、球体（曲面）CAD展开图（包含实体面和粘贴面） 2.用颜色区分切割线和切痕线 3.打印在卡纸上
	切割与粘贴	对模型进行切割和粘贴
	完成阶段	拍照，存档（制作过程照片和完成照片）

二、多面体模型制作

　　多面体分为正多面体和不规则多面体。正多面体就是各个边长均相等的正多边形。正多面体主要有 5 种，分别是正四面体、正六面体、正八面体、正十二面体和正二十面体。各正多面体的面数、每面边数数据统计如表 4-5。

表 4-5 正多面体面数、每面边数数据表

正多面体类型	面数	每面边数
正四面体	4	3
正六面体	6	4
正八面体	8	3
正十二面体	12	5
正二十面体	20	3

1. 正四面体模型制作

正四面体模型制作步骤如下：

（1）准备模型材料和工具。

准备230g左右的卡纸，该种卡纸质感较好，且有一定可弯性；同时准备白乳胶和弯头镊子。

（2）制图。

绘制正四面体模型展开图电子版（图4-1），包含实体面和粘贴面，如图中所示，实线为切割线，虚线为弯折线，十字符号为正四面体顶点，正四面体的展开图样式很多，可以尝试绘制其他样式。

（3）打印。

将展开图打印到A4卡纸上。

（4）切割。

使用美工刀背面，在虚线上划痕，不划透，这样卡纸更好弯折；然后按照实线进行完全切割。

（5）粘贴成型。

使用白乳胶进行粘贴，因为卡纸较厚，弯折处有划痕，粘贴时，可以将粘贴面的表层撕下薄薄一层，然后再进行粘贴，粘贴时可用弯头镊子夹紧，效果更好（图4-2）。

2. 其他正多面体模型制作

其余类型的正多面体均可参照正四面体的制作方式，其他正多面体的展开图纸如下（图4-3至图4-6），其余正多面体展开图样式不局限于图中样式，亦可自行思考绘制其他样式，然后按照图纸制作成型（图4-7）。

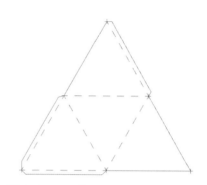

图4-1 正四面体展开图

图4-2 正四面体

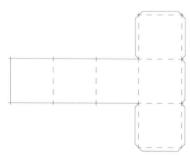

图4-3 正六面体展开图

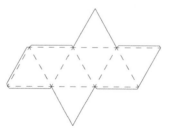

图4-4 正八面体展开图

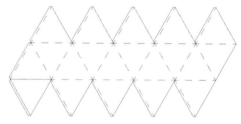

图4-5 正二十面体展开图

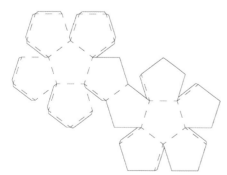

图4-6 正十二面体展开图

图4-7 正多面体

码4-1 正多面体展开图

3. 不规则多面体模型制作

不规则多面体模型参照正多面体的模型制作，需要根据不规则形体绘制展开图，可采用三维软件来辅助制作；或是直接选用卡纸进行不规则多面体各个面的拼接。

三、球体（曲面）模型制作

1. 球体模型制作

球体模型制作步骤：

（1）准备模型材料和工具。

准备 230g 左右的卡纸、白乳胶、弯头镊子。

（2）制图。

绘制球体模型展开图电子版（图 4-8），包含实体面和粘贴面。球体的展开图灵感来源于地球仪，将地球仪展开便是图中样式，竖向曲线参照经线，横线参照纬线。

（3）打印。

将展开图打印到卡纸上，若球体模型的体量小，手工制作时不好发挥，所以打印时建议用大一点的卡纸，用 A2 纸，甚至是 A1 纸。

码 4-2 球体
展开图

（4）切割。

使用美工刀背面，在白色线上划痕，不划透；按照蓝色线进行完全切割。

（5）粘贴成型。

使用白乳胶进行粘贴时，可将粘贴面的表层撕下一层，再进行粘贴，并用弯头镊子夹紧，效果更好。粘贴球形曲面时，粘贴面会有折叠或褶皱现象，所以粘贴前最好按照纬线将粘贴面切割成若干小面（图 4-9）。

2. 曲面模型制作

利用卡纸制作曲面可参照球体曲面的制作，与球体不同的是，球体需要围合，其球面是固定的，而曲面可以调整。留有粘贴面可以更好地固定曲面，绘制曲面展开图需要绘制切痕线（即球面上的经纬线），然后确定粘贴面。

曲面制作完成后可以根据需要调整，其调整幅度与切痕线数量和卡纸厚度有关，切痕线数量越大调整幅度越大，数量小其调整幅度小；卡纸越薄调整幅度越大，卡纸越厚调整幅度越小。

简单的曲面可以选择 230g 左右的卡纸制作，这种卡纸有一定弯曲性，亦有一定质感，但需要绘制切痕线。制作复杂曲面宜选择薄一些的卡纸，充分发挥其弯曲性。

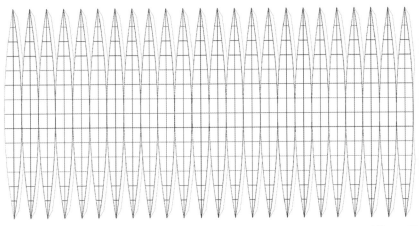

图 4-8 球体展开图

图 4-9 球体制作

一、斗拱模型制作

1. 斗拱简介

斗拱（图4-10）是我国古代建筑重要的结构部件，位于屋檐下，作为柱子与梁枋间的过渡。斗拱在宋《营造法式》和清《工程做法》中有具体的做法形制说明。斗拱按照所处位置分，有外檐斗拱和内檐斗拱，而外檐斗拱又分为柱头斗拱、柱间斗拱和转角斗拱（图4-11），其中转角斗拱最为复杂。宋代将斗拱称之为铺作，顾名思义，斗拱是一层一层铺上去的，宋清两代对斗拱的叫法不同，具体参见下表（表4-6）。

表4-6 宋清两代斗拱名称

斗拱名称	宋代名称	清代名称
柱头斗拱	柱头铺作	柱头科
柱间斗拱	补间铺作	平身科
转角斗拱	转角铺作	角科

斗拱各部位名称在宋清两代的称呼不同（表4-7）。按照清代称呼，斗拱主要有斗、升、拱、翘、昂、枋等构件（图4-12、图4-13），升是斗的一种，翘是拱的一种，因为斗和拱是基本构件，所以称之为斗拱。斗拱的计量单位是攒，一座标准的清代房屋，一般面阔5间，进深3间，角科4攒、柱头科20攒、平身科78攒（图4-14、图4-15）。

图4-10 斗拱（北京太庙）

图4-11 柱头斗拱、柱间斗拱和转角斗拱（北京太庙）

表4-7 宋清两代斗拱部位名称对应

宋代名称	清代名称	备注
朵	攒	单位
X铺作	X踩	X代表数字不同
栌斗	大斗、坐斗	
交互斗	十八斗	
华拱	翘	
泥道拱	正心瓜拱	
慢拱	正心万拱	
慢拱	里（外）拽万拱	
瓜子拱	里（外）拽瓜拱	
令拱	里（外）拽厢拱	

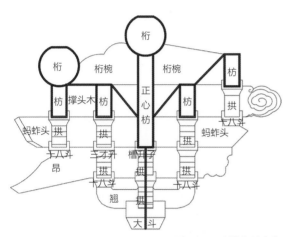

图 4-12 斗拱构件名称

图 4-14 面阔五间的清代房屋（北京太庙）

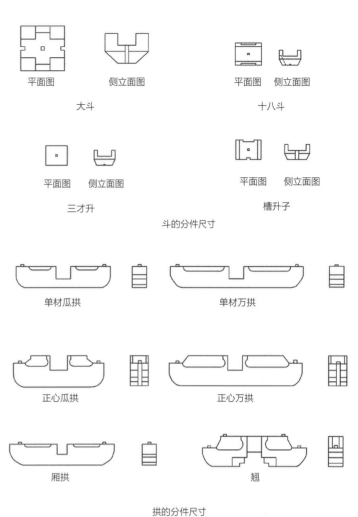

图 4-13 斗拱构件平立面

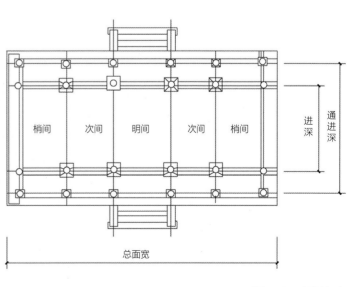

图 4-15 五间名称

清制以斗口（图 4-16）作为建筑模数单位，这是一个长度单位。斗口是斗上插放拱、翘、昂、枋的开口，作为标准单位的斗口是平身科中大斗或十八斗迎面方向插放翘、昂的那个斗口宽度。清代有斗拱的建筑，都以斗口为单位，其标注为 X 斗口（X 代表数字），或在斗口基础上辅以来调节长短，如 3 斗口、6 斗口 +1 寸等。斗口具有等第，清《工程做法》中记载，清制斗口具有 11 等第（表 4-8）。城阙、角楼等最大为四等材或五等材，太和殿为七等材，斗口 3 寸；一般房屋大都为八等材或九等材；垂花门和亭廊等景观小建筑多用十等材。

清制每攒斗拱实际宽 9.6 斗口，斗口边缘留有一定空隙，则每攒斗拱按 11 斗口，11 斗口成为斗拱建筑间架的扩大模数，廊道 22 斗口，明间面阔 77 斗口或 55 斗口，次间面阔 66 斗口或 44 斗口。小木作（门、窗等）不按斗口计量，不带斗拱的建筑亦不按斗口计量，而以檐柱径定分，即以檐柱直径作为对比参照确定尺寸，檐柱（图 4-17）是古建屋檐下的柱子，位于建筑最外层，也可称之为外柱。

斗拱根据出跳的数量有三踩、五踩、七踩、九踩、十一踩等几种（图 4-18）。

表 4-8 清制标准材规格表

标准材等级	斗口口分（清制营造尺1寸=3.2厘米）
一等材	6寸
二等材	5.5寸
三等材	5寸
四等材	4.5寸
五等材	4寸
六等材	3.5寸
七等材	3寸
八等材	2.5寸
九等材	2寸
十等材	1.5寸
十一等材	1寸

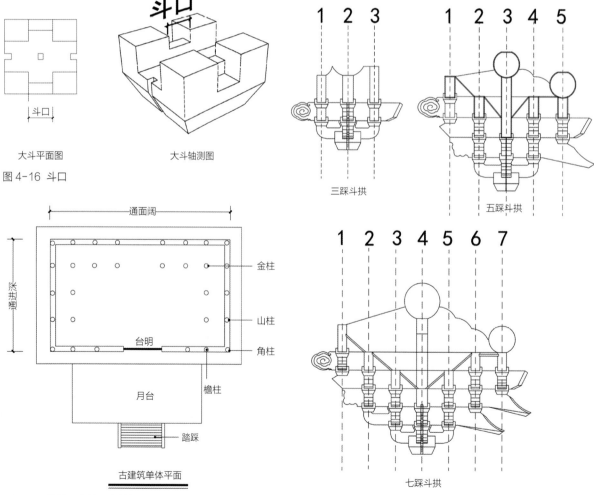

斗口

大斗平面图   大斗轴测图

图 4-16 斗口

三踩斗拱

五踩斗拱

七踩斗拱

通面阔

通进深

金柱

山柱

台明

角柱

月台

檐柱

踏踩

古建筑单体平面

图 4-17 檐柱、角柱、金柱位置图

图 4-18 三踩、五踩、七踩斗拱

2.斗拱模型制作计划

制作的斗拱模型为平身科单翘重昂七踩斗拱，首先制定斗拱模型制作的计划，详见下表（表4-9）。

表4-9 平身科单翘重昂七踩斗拱模型制作计划

单翘重昂七踩斗拱模型制作计划	资料查询	1.建立模型制作小组 2.查阅建筑斗拱资料和图纸，掌握斗拱相关知识 3.确定制作的斗拱类型：平身科单翘重昂七踩斗拱
	绘制斗拱图纸	1.确定斗口等第：十一等材，斗口口分1寸 2.绘制平身科单翘重昂七踩斗拱各部件图纸 3.制作su模型 4.确定斗拱各部件的数量
	斗拱模型材料准备	1.图纸：纸质版图纸 2.斗拱模型材料：木方若干 3.斗拱制作工具：台钳、手锯、曲线锯、砂带卷、什锦锉、胶锤、刻刀、铅笔、橡皮、尺子、切割垫
	斗拱模型制作阶段	1.绘制切割线：用铅笔、尺子在木方上绘制切割线 2.切割木方：用台钳固定木方，用手锯将木方切割成适合的长度 3.切割斗拱部件：用曲线锯切割斗拱部件 4.打磨：使用砂带卷打磨 5.局部和细节雕刻：使用刻刀雕刻细节，修改局部 6.拼接成型
	斗拱模型完成阶段	拍照，存档（制作过程照片和完成照片）

3.斗拱模型资料

（1）平身科单翘重昂七踩斗拱构件名称（图4-19）。

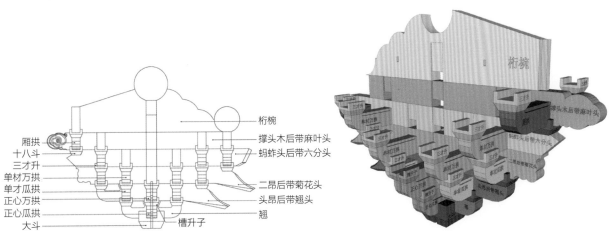

图 4-19 平身科单翘重昂七踩斗拱构件名称

（2）平身科单翘重昂七踩斗拱各构件图纸（单位：斗口）
（图 4-20 至图 4-34）。

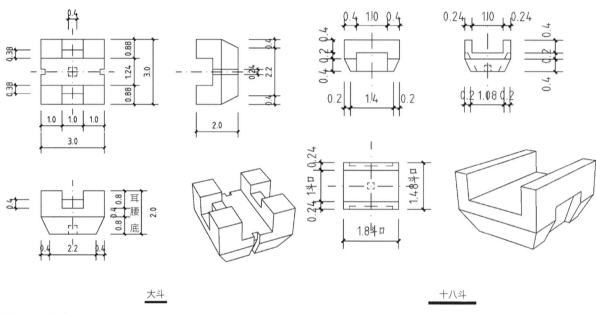

大斗

十八斗

图 4-20 大斗

图 4-21 十八斗

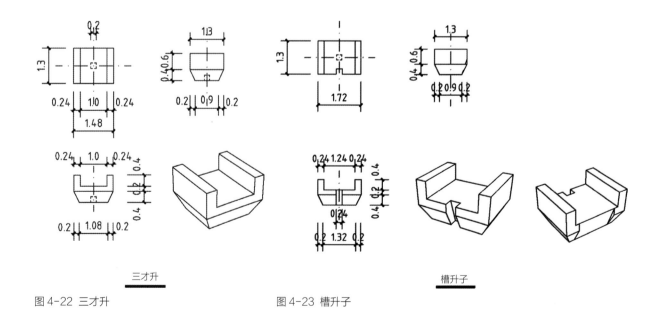

三才升

槽升子

图 4-22 三才升

图 4-23 槽升子

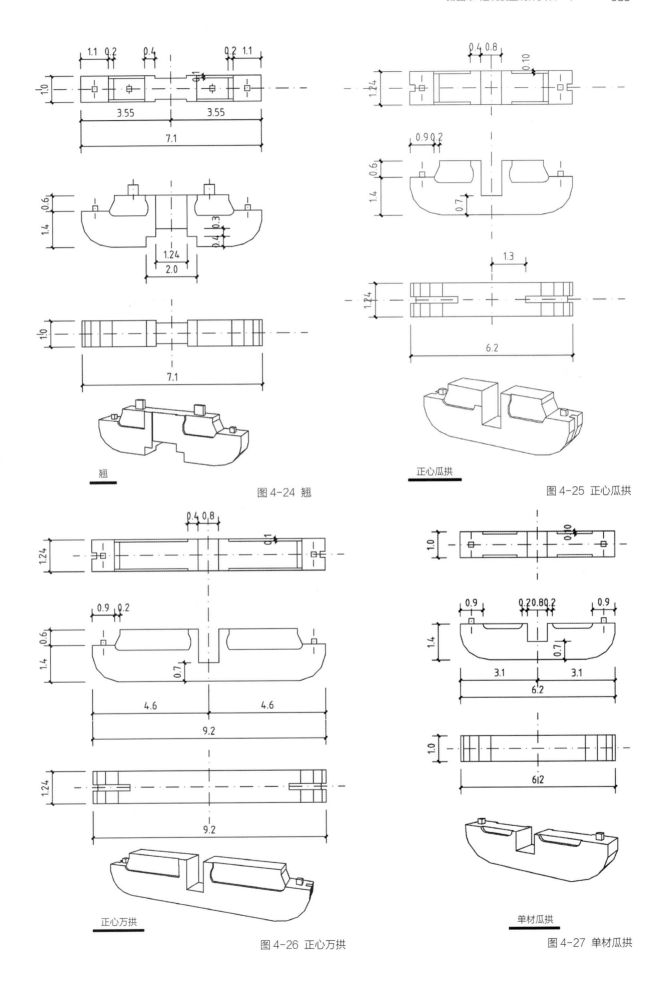

图 4-24 翘

图 4-25 正心瓜拱

图 4-26 正心万拱

图 4-27 单材瓜拱

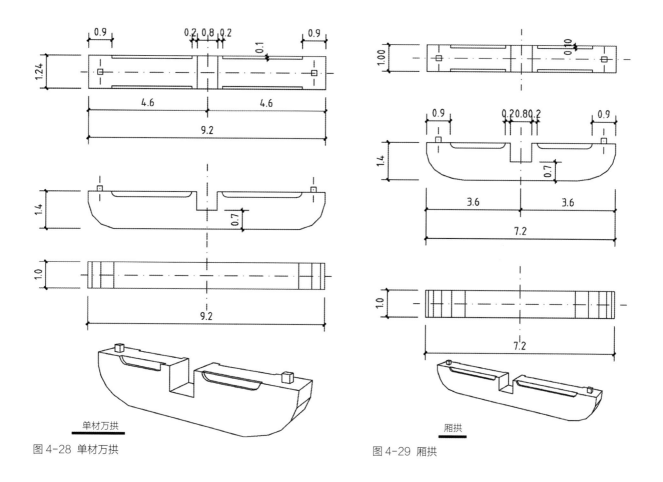

图 4-28 单材万拱

图 4-29 厢拱

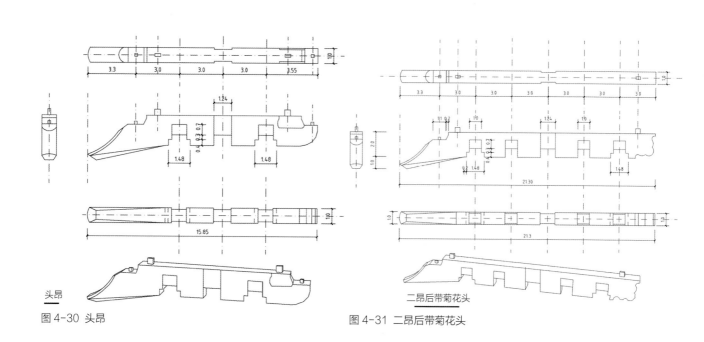

图 4-30 头昂

图 4-31 二昂后带菊花头

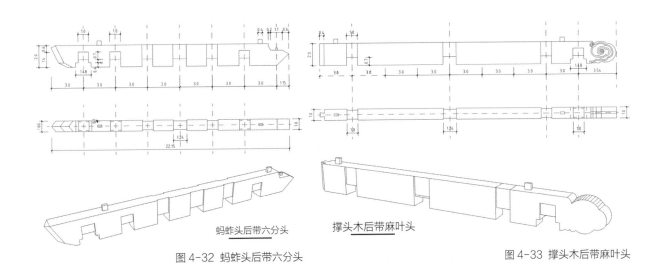

蚂蚱头后带六分头

图 4-32 蚂蚱头后带六分头

撑头木后带麻叶头

图 4-33 撑头木后带麻叶头

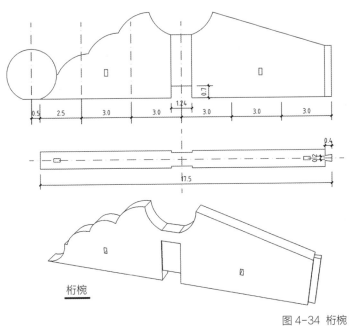

桁椀

图 4-34 桁椀

（3）平身科单翘重昂七踩斗拱拼接步骤（图 4-35 至图 4-65）。

码 4-4 平身科 单翘重昂七踩 斗拱三维模型

码 4-5 平身科 单翘重昂七踩 斗拱拼接视频

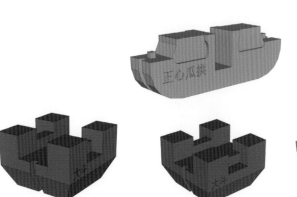
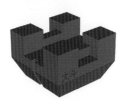
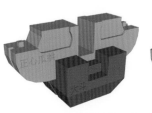

图 4-35 七踩斗拱拼接示 意图 1——大斗

图 4-36 七踩斗拱拼接示意图 2——正心瓜拱

图 4-37 七踩斗拱拼接示意 图 3——正心瓜拱

图 4-38 七踩斗拱拼接示意图 4——翘

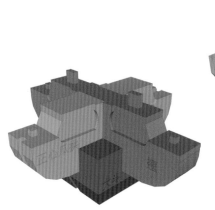

图 4-39　七踩斗拱拼接示意图 5——翘

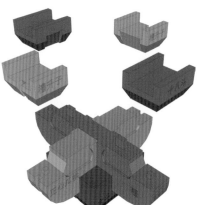

图 4-40　七踩斗拱拼接示意图 6——槽升子、十八斗

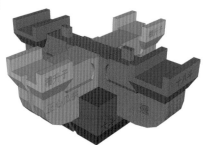

图 4-41　七踩斗拱拼接示意图 7——槽升子、十八斗

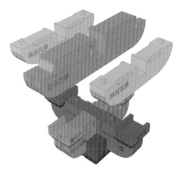

图 4-42　七踩斗拱拼接示意图 8——正心万拱、单材瓜拱

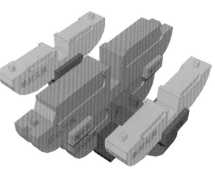

图 4-43　七踩斗拱拼接示意图 9——正心万拱、单材瓜拱

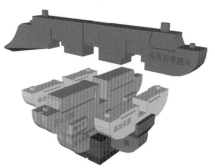

图 4-44　七踩斗拱拼接示意图 10——头昂

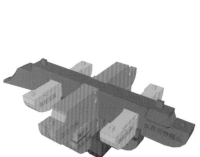

图 4-45　七踩斗拱拼接示意图 11——头昂

图 4-46　七踩斗拱拼接示意图 12——槽升子、十八斗、三才升

图 4-47　七踩斗拱拼接示意图 13——槽升子、十八斗、三才升

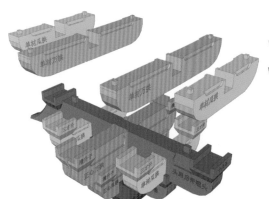

图 4-48　七踩斗拱拼接示意图 14——单材万拱、单材瓜拱

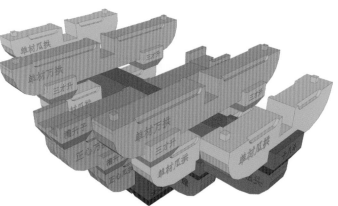

图 4-49　七踩斗拱拼接示意图 15——单材万拱、单材瓜拱

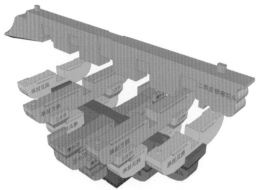

图 4-50 七踩斗拱拼接示意图 16——二昂

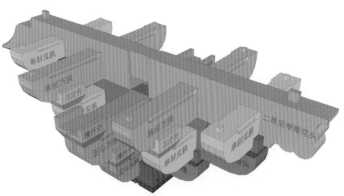

图 4-51 七踩斗拱拼接示意图 17——二昂

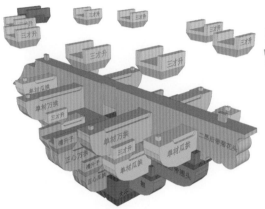

图 4-52 七踩斗拱拼接示意图 18——三才升、十八斗

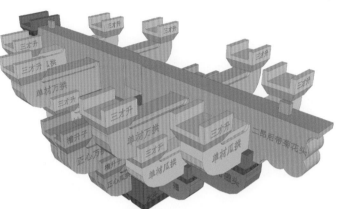

图 4-53 七踩斗拱拼接示意图 19——三才升、十八斗

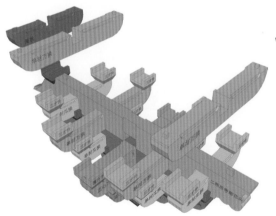

图 4-54 七踩斗拱拼接示意图 20——单材万拱、厢拱

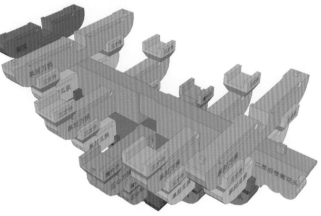

图 4-55 七踩斗拱拼接示意图 21——单材万拱、厢拱

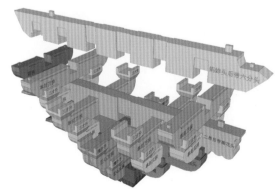

图 4-56 七踩斗拱拼接示意图 22——蚂蚱头

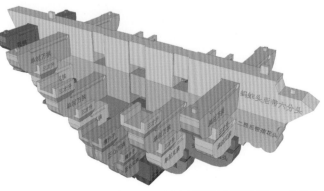

图 4-57 七踩斗拱拼接示意图 23——蚂蚱头

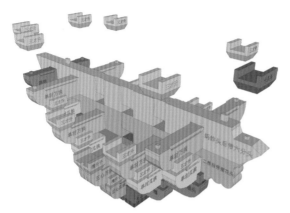

图 4-58 七踩斗拱拼接示意图 24——三才升、十八斗

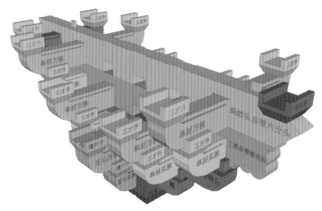

图 4-59 七踩斗拱拼接示意图 25——三才升、十八斗

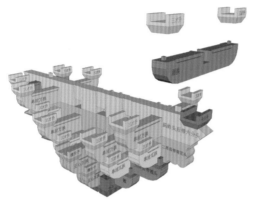

图 4-60 七踩斗拱拼接示意图 26——厢拱、三才升

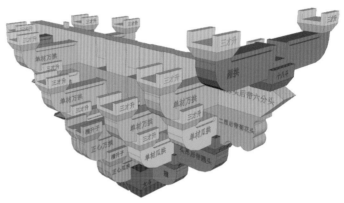

图 4-61 七踩斗拱拼接示意图 27——厢拱、三才升

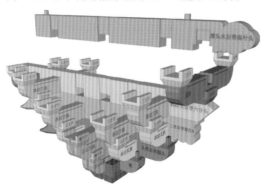

图 4-62 七踩斗拱拼接示意图 28——撑头木

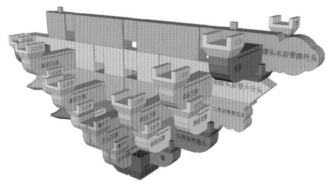

图 4-63 七踩斗拱拼接示意图 29——撑头木

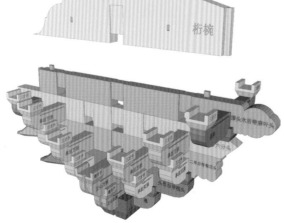

图 4-64 七踩斗拱拼接示意图 30——桁椀

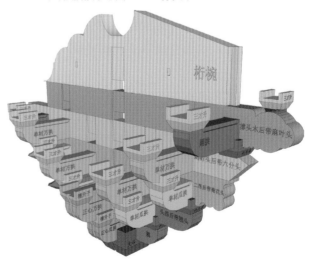

图 4-65 七踩斗拱拼接示意图 31——桁椀

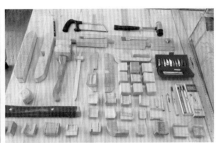

图 4-67 斗拱制作部分工具和构件

图 4-66 斗拱模型材料

图 4-68 斗拱模型制作过程

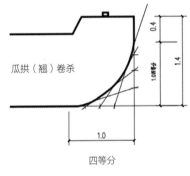

四等分

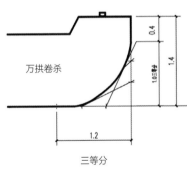

三等分

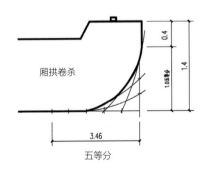

五等分

图 4-69 拱的卷杀

4. 斗拱模型材料和工具

（1）主材：木方，按照图纸尺寸确定木方的尺寸和数量，在建材市场直接购买木方（图 4-66）。

（2）工具：台钳、手锯、曲线锯（包含锯条）、砂带卷、什锦锉、胶锤、刻刀、铅笔、橡皮、尺子、切割垫（图 4-67）。

5. 斗拱模型制作

（1）斗、拱、昂、蚂蚱头、撑头木的制作。

第一，将斗的切割线绘制在木方上。

第二，将木方固定在铁钳上，用曲线锯切割斗、拱、昂的形状。

第三，用刻刀修改细节，包括槽、拴口、拱眼、直角修正、麻叶云等各细部。

第四，用纱布打磨（图 4-68）。

（2）卷杀的制作。

卷杀也称"卷刹"，"卷"是圆弧之意，"杀"是砍削之意。卷杀是拱、翘端部的圆弧。其制作方式如下：

在拱、翘卷杀部位进行分割画线，瓜拱（翘）四等分，万拱三等分、厢拱五等分，然后分割出几个切面（图 4-69），切掉多余部分，用砂布打磨成圆弧。

（3）拼接成型。

将斗拱各部件从下往上逐层拼接，拼接时用胶锤轻轻锤击构件各部件，使之锚固在一起，最终将各斗拱部件拼接成型（图 4-70）。

6. 斗拱模型拍照存档

平身科单翘重昂七踩斗拱模型完成照片（图4-71至图4-73）。

制作人：韩世新、尚亚楠等多名学生。

图4-70 斗拱部件拼接

图4-71 斗拱模型1　　　　　　　　　图4-72 斗拱模型2

图4-73 斗拱模型3

图 4-74 故宫

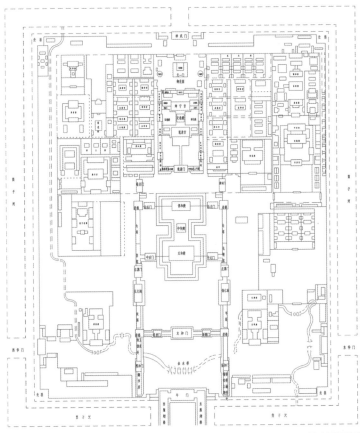

图 4-75 故宫护城河

图 4-76 故宫平面图

码 4-6 故宫平面图

二、北京故宫模型制作

1. 北京故宫简介

北京故宫亦称紫禁城,是明清两代宫城。始建于明永乐十五年(1417年),建成于永乐十八年(1420年)。北京故宫以明代南京宫殿为蓝本。现存建筑多经清代重建和增建,新中国成立后对其进行多次修复,如今总体布局仍保持明代初建时的基本格局。

(1)北京故宫总体布局。

故宫位处北京中心,其中轴线与北京城中轴线重合,其轴线前方起点可往前推到大清门,后方终点可延伸到景山(图4-74)。故宫南北长961m,东西宽753m,占地面积720000m²;故宫由城墙围合,城墙从地面到顶部高9.27m,为下宽上窄式城墙,城墙底部宽8.6m,顶部宽6.6m,城墙上可容6匹马并列行走。明代建城墙时,每块砖均有制作者和监工的姓名,以及制作地点,以备出问题后追责用,城墙四角各有一角楼。故宫城墙外环绕一圈护城河(图4-75),也叫筒子河,河水是活水,与中南海、北海水系相连。护城河宽52m,深6m。

故宫(图4-76)主轴线两边几近对称,故宫每面各有一门,南面午门乃正门,北面神武门(明时称玄武门)乃后门,东为东华门,西是西华门。故宫分为外朝和内廷,外朝在前,内廷在后,体现"前朝后寝"制度。主轴上的建筑从南到北依次是午门、太和门、太和殿、中和殿、保和殿、乾清门、乾清宫、交泰殿、坤宁宫、御花园、神武门,外朝以太和殿、中和殿、保和殿为主体，外朝西路为武英殿，武英殿北为府库，外朝东路为文华殿。

内廷用于居住，分东、中、西三路，中路依次是乾清宫、交泰殿、坤宁宫（称"后三宫"），东路为东六宫，西路为西六宫，是嫔妃所住。东西六宫后面分别为乾东五所和乾西五所，西六宫前是养心殿，养心殿从雍正时开始作为皇帝夜宿和处理日常政务的地方。西路以西为内廷外西路，包含慈宁宫、寿康宫、慈宁宫花园等，主要供太后、太妃起居。东六宫南为斋宫、奉先殿，斋宫是皇帝祭祀前斋戒之所，奉先殿内设有皇帝家庙。东路以东为内廷外东路，坐落宁寿宫建筑群，该组建筑于康熙二十八年（1689 年）在明代宫殿旧址上兴建，乾隆时期对其进行改建和扩建，作为乾隆太上皇临朝受贺的宫殿。该组建筑由宫墙围合，为一独立组群，分前朝和内廷两部分，前部从南到北依次是九龙壁、皇极门、宁寿门、皇极殿、宁寿宫；后部为东、中、西三路，中路从南到北为养性殿、乐寿堂、颐和轩，东路从南到北有戏楼、畅音阁、四进院的庆寿堂、景福宫，西路为宁寿宫花园，亦称乾隆花园。宁寿宫建筑群南为南三所（西所、中所、东所），为皇子居住之地（图4-77）。

前朝处于南部属阳，三大殿为核心，建筑数量为三，是奇数。内廷在北属阴，主殿现为三座，但原本只有两宫，属偶数；东西六宫，六宫之和为十二，是偶数。在空间比例方面，三大殿宫院加上乾清门门院的占地面积是内廷两宫官院的 4 倍，东西六宫加上乾东西五所的占地面积与内廷两宫院面积相近。故宫三大殿大台基的长度与宽度比为 9∶5。故宫的布局匠心独运，反映等级制度和传统营造观念，是一座壮观的建筑空间群组（图 4-77）。

（2）北京故宫三大殿。

故宫三大殿由太和殿、中和殿、保和殿组成。三大殿均坐落在三层汉白玉须弥座台基工字形的台基上。太和殿是举行盛大典礼的地方，如皇帝登极、大婚、立后、殿试、任命出征，实际很少使用，乾隆五十四年（1789 年）殿试地点由太和殿转移到保和殿。清代皇帝上朝并不在太和殿，而在乾清门，称御门听政，有大事或重要之事则在乾清宫召见大臣，晚清慈禧太后垂帘听政的上朝地点为养心殿。中和殿是太和殿庆典前的皇帝休憩之处。明清两代保和殿的用途不同，明代保和殿是庆典前的皇帝更衣处，清代为皇帝赐宴和殿试场所。

（3）北京故宫后三宫。

后三宫由乾清宫、交泰殿、坤宁宫组成，是内庭主体。明代和清初，乾清宫是皇帝寝宫，雍正时皇帝寝宫移到养心殿，乾清宫改为皇帝处理日常政务的场所。明代，坤宁宫是皇后寝宫，清初作为宫廷萨满教祭祀之所，兼做皇后正宫。交泰殿建造时间稍晚，是皇后庆生的地点。

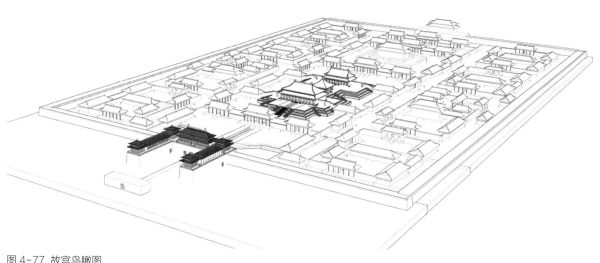

图 4-77 故宫鸟瞰图

2. 北京故宫模型制作计划

故宫模型的制作为故宫中轴线上外朝各宫殿，包含午门、太和门、太和殿、中和殿、保和殿、乾清门，并将各宫殿与门前围院组合在一起（表4-10）。

3. 北京故宫模型资料

（1）午门。

午门（图4-78）是故宫正门，其三面环抱的形象具有极大的威慑力和恢宏气概。午门的形制从汉代门阙演变而来，平面呈倒凹字形。午门

表4-10 故宫模型制作计划

故宫模型制作计划	分组与查阅资料	1.建立模型制作小组，4~5人一组（根据班级人数调整） 2.查阅北京故宫资料和图纸，掌握故宫相关知识 3.确定故宫模型制作内容为午门、太和门、太和殿、中和殿、保和殿、乾清门（其中午门、太和门、乾清门各由一组完成，太和殿、中和殿、保和殿有共同台基，由两组人共同完成）
	故宫模型制作图纸	1.绘制故宫模型外朝平面及各宫殿图纸 2.辅以三维模型（选做） 3.确定模型制作比例为1:200
	材料准备	1.确定模型材料：2mm轻木板、轻木棍、白卡纸、KT板、牛皮纸 2.确定模型材料用量 3.准备制作工具：白乳胶、UHU胶、喷胶、美工刀、什锦锉、刻刀、铅笔、橡皮、尺子、切割垫
	故宫模型制作阶段	1.底板制作： （1）共五组，其中两组共同完成三大殿，共四个底板。 （2）底板宽1m，长度根据建筑和门体量每组自行调整。 （3）每组在各自底板上进行制作建筑和院墙。 （4）每组院墙距离相等，可以对接。 （5）将底板拼在一起，成为一个整体。 2.制作台基、建筑、院墙 3.拼接组合
	故宫模型完成阶段	拍照，存档（制作过程照片和完成照片）

图4-78 午门

分上下两部分，下部墩台向上收分，下宽上窄，高12米，正中设有三门，两侧各有一掖门。

中门只能皇帝进出，或大婚时皇后凤舆从此进宫，殿试传胪后状元、榜眼、探花出宫。东门为文武官员出入，西门为宗室王公出入，而两掖门只在大型活动时开启。墩台两侧设有上下城台的马道。

墩台上正楼，面阔9间，进深5间，重檐庑殿顶，两翼伸出"雁翅楼"，翼端和转角处各建一座重檐四角攒尖顶方亭，形成一殿四亭、两翼廊庑的壮观的门楼形象（图4-79至图4-81）。

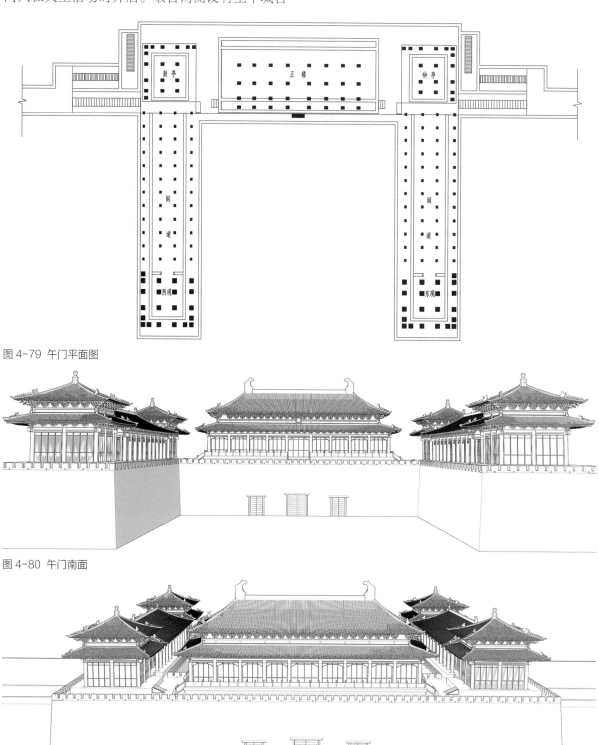

图4-79 午门平面图

图4-80 午门南面

图4-81 午门北面

图4-82 太和门

图4-83 内金水河

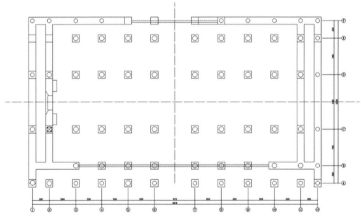

太和殿平面图

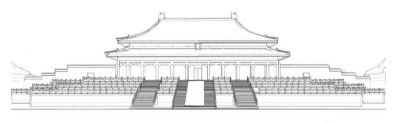

太和殿立面图

图4-84 太和殿平面图和立面图

（2）太和门。

太和门（图4-82）门院是穿过午门后的第一进院，太和门夹在午门和太和殿之间，午门高大巍峨，三大殿是故宫中心主体，太和门门院位于中间，起到良好过渡作用。

太和门门院与三大殿宫院具有同样宽度，保证外朝中轴线的整体性。太和殿下承汉白玉须弥座台基，面阔9间，进深4间，重檐歇山顶。殿门左侧为昭德门，右侧为贞度门，尽显端庄凝重。太和门前的门院南北尺寸130m，内金水河（图4-83）自西向东流过，河上架有五座内金水桥，内金水桥为石拱桥。内金水河和金水桥将太和殿前的门院空间划分为南北两片，门院两侧有廊庑，称东西朝房，东朝房有协和门（明称会极门），西朝房有熙和门（明称归极门），两门相对而置。

（3）太和殿。

太和殿（图4-84）殿庭有5门，从南到北分别是大清门（明代为大明门）、天安门（明代为承天门）、端门、午门、乾清门，此五门构成了"五门三朝"体制中的五门，三朝为故宫三大殿的太和殿、中和殿、保和殿。端门西为社稷坛，东为太庙，整体布局体现"左祖右社"制度。

太和殿形制和规格最高，面阔11间、进深5间，重檐庑殿顶，仙人走兽11件，金龙和玺彩画，整个太和殿威严而金碧辉煌。太和殿本身体量并不大，三层带月台的须弥座台基

（图 4-85）提升了太和殿的高度，三层台基总高 8.13m，每层台基四周均环以栏杆，栏杆下有石雕龙头，用于排水，下雨时千龙吐水，甚是壮观。须弥座台基的月台上东设日晷，西设嘉量，铜龟、铜鹤各一对，台基上铜鼎共 18 座（图 4-86）。

（4）中和殿。

中和殿平面呈正方形，面阔 3 间，进深 3 间，四面出廊，单檐四角攒尖顶，铜胎鎏金宝顶，殿高 19 米。中和殿下承汉白玉台基，台基南北各三出台阶，中间为浮雕云龙纹御路，踏跺和垂带浅刻卷草纹，台基东西各一出台阶。中和殿四面开门，正面三交六椀菱花槅扇门 12 扇，东、北、西三面槅扇门各 4 扇，门两边为青砖槛墙，槛墙之上为琐窗。中和殿彩画为金龙和玺彩画，殿内金砖铺地。

（5）保和殿。

保和殿面阔 9 间，进深 5 间，殿高 29.50m，重檐歇山顶，仙人走兽 9 个，金龙和玺彩画，殿内金砖铺地。建筑方法为减柱造做法，殿内前檐金柱减去六根，空间更为宽敞。

（6）乾清门。

乾清门（图 4-87）为内廷正宫门，面阔 5 间，进深 3 间，高约 16m，单檐歇山屋顶，下承汉白玉石须弥座，台基高 1.5m，环以栏杆。门前三出台阶，中间为御路，御路两旁各坐一铜鎏金狮子。明间和两次间开门，门在后檐处，两梢间为青砖槛墙，墙上方格窗。门两侧八字形琉璃影壁，长 9.7m，高 8m，乾清门东为内左门和九卿值房，西边为内右门和军机处，乾清门北中间为高台甬路与乾清宫月台连接，高台甬路两侧各出一台阶。

（7）乾清宫。

后三宫共同坐落在工字形台基上，后门坤宁门，通往御花园。后三宫两侧有多座门分别通往东西六宫。乾清宫、坤宁宫两侧设朵殿，朵殿围以红墙。后三宫重复了三大殿宫院的布局基调，内庭和外朝在布局上相互照应，强化宫城整体统一，但后三宫尺度照比三大殿缩小，且空间划分亦有差异。

乾清宫面阔 9 间、进深 5 间，自台基至正脊高 20 余米，重檐庑殿顶。殿内中部三间相通，明间前檐减去两根内金柱。后檐两根老檐柱间设屏，屏前设宝座。乾清宫两侧朵殿，西

图 4-85　三层须弥座台基

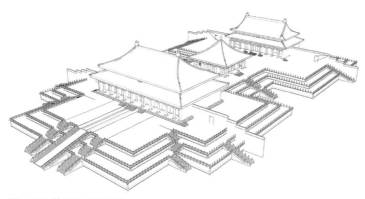

图 4-86　故宫三大殿鸟瞰

图 4-87　乾清门

为弘德殿，东为昭仁殿。

（8）交泰殿。

交泰殿平面方形，面阔3间，进深3间，单檐四角攒尖顶，鎏金宝顶。四面明间开门，三交六椀菱花，南面次间为槛窗，东、西、北三面次间为墙。殿内顶部中心为八藻井，殿中设有宝座，宝座后有4扇屏风。

（9）坤宁宫。

坤宁宫面阔9间，进深3间，重檐庑殿顶。尽间为过道，中间四间是祭神、吃肉的场所；东面两间（不含尽间）为坤宁宫东暖阁，皇后居所；西稍间是存贮佛像之地。坤宁宫两侧有朵殿。

（10）坤宁门。

坤宁门位于坤宁宫北面，是后庭的后门，通往御花园。坤宁门面阔3间，单檐歇山式顶，明间设门，两次间隔为值房，后檐设两抹头方格槛窗，中配方格风窗，前檐为墙。门两侧山墙斜出八字琉璃影壁。

（11）神武门。

神武门平面矩形，总高31m。基部为汉白玉石须弥座，城台辟门洞3券，上建城楼。楼建于汉白玉基座上，面阔5间，进深1间，四周围廊，环以汉白玉石栏杆，重檐庑殿顶。楼前、后檐明间与左、右次间开门，菱花隔扇门，四面门前均出踏跺。梁枋间旋子彩画，楼内顶部为金莲水草天花，地面铺满金砖，神武门对面是景山。

4. 北京故宫模型材料和工具

（1）故宫模型材料。

2mm轻木板、轻木棍、白卡纸、5mm厚KT板、牛皮纸。

（2）故宫模型工具。

白乳胶、UHU胶、喷胶、美工刀、什锦锉、刻刀、铅笔、橡皮、尺子、切割垫。（图4-88）

5. 北京故宫模型制作

故宫模型内容主要包含：午门、太和门、太和殿、中和殿、保和殿、乾清门。

（1）底板制作。

故宫底板材料为KT板和牛皮纸。

第一，确定底板大小，KT板宽度1m，长度根据模型需要自定：午门、太和门、乾清门底板为1000mm×600mm；三大殿使用一个底板，底板尺寸为1000mm×1600mm。

第二，底板厚度3层5mm厚KT板。午门、太和门、乾清门底板直接使用大尺寸KT板切割即可。三大殿的3层底板需要拼接，拼缝错开。

第三，粘贴。将切割好的KT板进行粘贴，使用白乳胶粘贴，需要用重物压置直至胶体凝固，所需时间较长；亦可使用喷胶，方便快捷，粘贴效果好。

第四，牛皮纸包裹KT板。KT板本身质感一般，在KT板表面覆盖一层牛皮纸，增强底板效果。按照KT板尺寸裁切牛皮纸，将KT板上下表面和四个立面包裹（下表面可以不覆盖），使

图4-88 故宫模型材料和工具

用喷胶粘贴固定大面（建议不要使用白乳胶，因白乳胶水分大，牛皮纸涂抹胶后会发胀，胶体凝固后，牛皮纸会收缩，容易影响粘贴效果），局部细节可用胶枪等粘贴。（图4-89）

（2）台基制作。

第一，用KT板制作台基，按照台基形状尺寸切割KT板，台基共3层，每层台基各3层5mm厚KT板，切割后，将KT板叠加粘贴在一起。

第二，用白卡纸覆盖KT板的面，按照台基形状切割白卡纸，用白乳胶将卡纸粘贴到台基的上表面和立面。

第三，台基栏杆制作。利用卡纸切割栏杆，首先确定栏杆高度，再用美工刀切割细节。

第四，用1mm厚轻木板制作台阶，层层累加粘贴（图4-90）。

（3）古建主体制作。

先制作柱和梁，再制作墙体，然后是门窗，最后是屋顶。制作完建筑主体，再进行建筑细节的制作（图4-91）。

（4）宝顶。

利用木方制作宝顶，用刻刀雕刻宝顶基本形状，再用什锦锉进行打磨（图4-92）。

6. 北京故宫模型拍照存档

（1）第一组：午门（图4-93、图4-94）。制作人：柴晨辉、李银杰、贺文学、祁鑫焱、付公超。

（2）第二组：太和门（图5-95、图4-96）。制作人：禹晓智、庄佳佳、芮一丹、刘佳欢。

图4-89 故宫模型底板　　　　　图4-90 台基

图4-91 古建主体制作

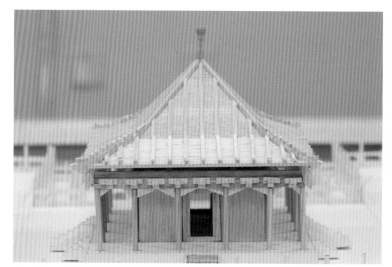

图4-92 中和殿宝顶

图4-93 午门模型制作过程

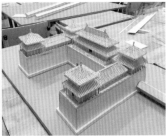

图 4-94 午门模型完成照片

（3）第三组、第四组：故宫三大殿（图 4-97 至图 4-102）。制作人：颜帅、李千、史广轩、李佳锋、蒋杰、李家钊、李佳宁、王廉金。

（4）第五组：乾清门（图 4-103 至图 4-105）。制作人：肖瑞涵、江紫玲、王佳楠、赵子玉。

（5）全景（图 4-106）。

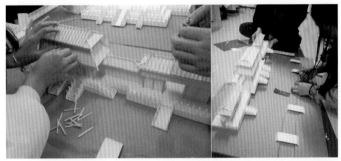

图 4-95 太和门模型制作过程

图 4-96 太和门模型完成照片

图 4-97 故宫三大殿模型制作过程

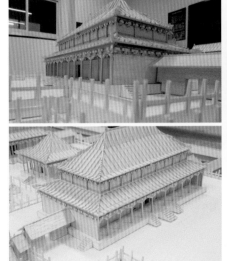

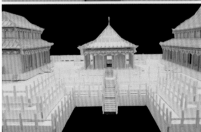

图 4-98 太和殿模型完成照片　　　图 4-99 中和殿模型完成照片　　　图 4-100 保和殿模型完成照片

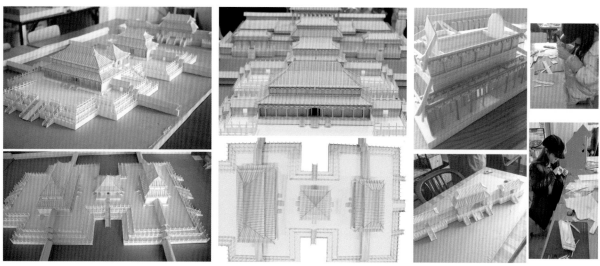

图 4-101 故宫三大殿模型完成照片 1   图 4-102 故宫三大殿模型完成照片 2   图 4-103 乾清门模型制作过程

图 4-104   乾清门模型完成照片 1

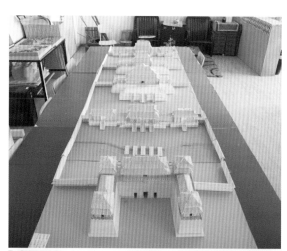

图 4-105   乾清门模型完成照片 2

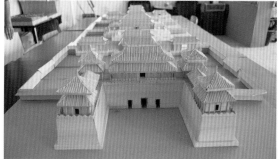

图 4-106 故宫前朝午门、太和门、太和殿、中和殿、保和殿、乾清门模型组合

一、别墅模型制作

1. 别墅三维模型制作

使用 SU 软件绘制别墅三维模型（图 4-107 至图 4-114）。

码 4-7 别墅三维模型

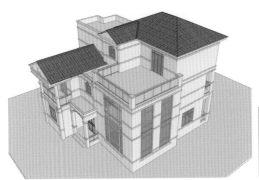
图 4-107 别墅三维模型鸟瞰 1

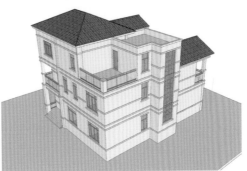
图 4-108 别墅三维模型鸟瞰 2

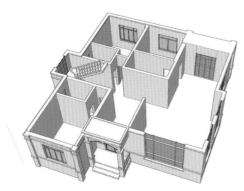
图 4-109 别墅首层

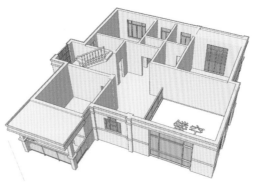
图 4-110 别墅二层

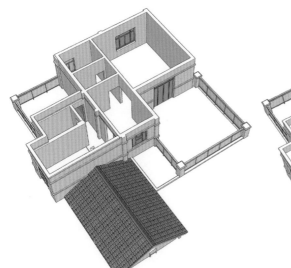
图 4-111 别墅三层

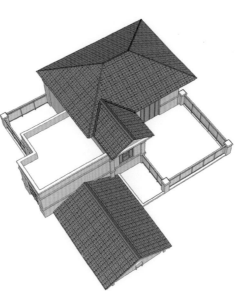
图 4-112 别墅屋顶

2. 别墅模型制作计划

表 4-11 别墅模型制作计划

别墅模型制作计划	分组与资料准备	1.确定模型制作小组：3人一组 2.别墅资料准备（平面图、立面图、剖面图）
	三维模型绘制	SU三维模型绘制
	模型材料和工具准备	1.确定比例1：50 2.材料：木板、5mmKT板、牛皮纸、边长5mm轻木条、PVC瓦片、砂纸等 3.工具：铁尺、铅笔、美工刀、热熔胶、UHU胶等
	模型制作阶段	1.制作底板 2.定位 3.楼板、墙面、门窗、楼梯、屋顶制作和粘贴 4.细节制作
	模型完成阶段	拍照存档（制作过程照片、完成照片、视频快剪）

3. 别墅模型制作材料和工具准备

（1）材料：木板、5mmKT板、牛皮纸、边长5mm轻木条、PVC瓦片、砂纸等。

（2）工具：铁尺、铅笔、美工刀、热熔胶、UHU胶等。

4. 别墅模型制作

（1）图纸资料准备（平面图、立面图、剖面图）。

（2）制作SU模型，研究模型。

（3）确定模型比例。

（4）准备材料和工具。

（5）制作底盘，切割木板制作底盘。

（6）在底盘上定位。

（7）从一层到顶层，分层制作建筑墙面、地面、楼梯，并切割、打磨、粘贴墙面，按尺寸切割KT板和牛皮纸（2份），将牛皮纸分别粘在PT板两侧，用重物（如：书）压住。

（8）制作建筑外墙面、门窗和顶面，并切割、打磨、粘贴。

（9）模型细节整理。

（10）模型完成后检查。

码 4-8 别墅展开图

5. 别墅模型拍照和存档

（1）制作过程照片（图 4-113 至图 4-116）。

图 4-113 别墅模型制作过程照片 1

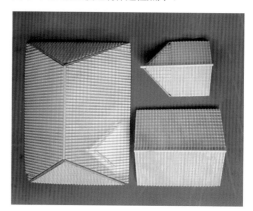

图 4-114 别墅模型制作过程照片 2

图 4-115 别墅模型制作过程照片 3

图 4-116 别墅模型制作过程照片 4

（2）别墅模型完成效果展示（图4-117、图4-118）。

图4-117 别墅实体模型1　　　　　　　图4-118 别墅实体模型2

二、苏州博物馆模型制作

1. 苏州博物馆概况

苏州博物馆位于历史街区中心，由贝聿铭设计。博物馆毗邻拙政园，加上忠王府，总建筑面积2.65万平方米，其中包含陈列室、礼堂、办公区、文物保护工作室、研究图书馆和库房等。苏州博物馆不高、不大、不突出，具有苏州传统园林建筑风格，又结合新技术、新材料，运用诸多传统设计手法，使博物馆与拙政园相呼应，又有时代气息。

2. 苏州博物馆模型制作计划

表4-12 苏州博物馆模型制作计划

	分组与查阅资料	1.确定模型制作小组：3人一组 2.苏州博物馆资料查询
苏州博物馆模型制作计划	绘制展开图	1.制作方式：激光雕刻 2.研究苏州博物馆图纸 3.绘制苏州博物馆展开图
	模型制作阶段	1.确定比例 2.制作底板 3.在底板上绘制苏州博物馆平面图 4.激光雕刻 5.粘贴
	模型完成阶段	拍照，存档（制作过程照片、完成照片、视频快剪）

3. 苏州博物馆模型材料和工具准备

（1）模型主材：2mm厚椴木片。

（2）工具：铅笔、橡皮、尺子、UHU胶、美工刀、砂纸。

4. 苏州博物馆模型制作

（1）资料查找。

（2）确定比例。

（3）制作底盘（图4-119）。

（4）在底盘上绘制平面图（定位）。

（5）绘制展开图。

（6）切割，打磨（图4-120）。

（7）粘贴（图4-121）。

（8）模型细节整理。

（9）模型完成后检查。

5. 苏州博物馆模型拍照和存档

（1）过程照片（图4-122、图4-123）。

（2）完成照片（图4-124、图4-125）。

图4-119 苏州博物馆模型底盘

图4-120 苏州博物馆模型切割

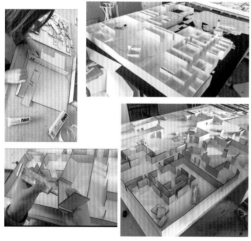

图4-121 苏州博物馆模型粘贴

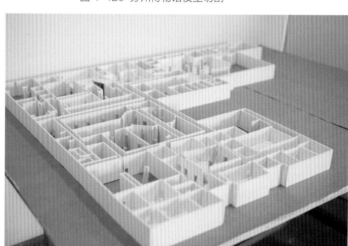

图4-122 苏州博物馆模型过程照片1

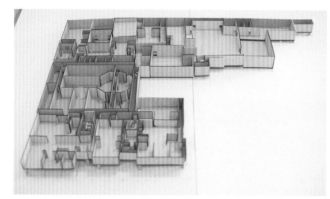
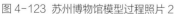

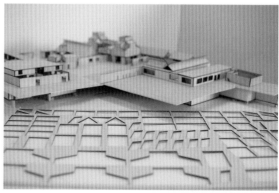

图4-123 苏州博物馆模型过程照片2

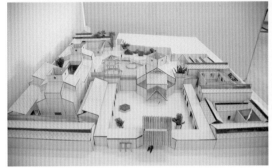

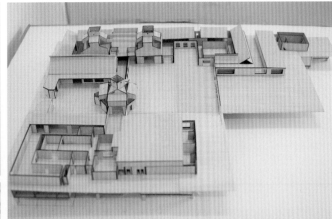

图 4-124 苏州博物馆模型完成照片 1 　　　　　图 4-125 苏州博物馆模型完成照片 2

小结

在建筑模型实训中，制作模型前要全面详尽地查阅相关资料，包含建筑概况、结构特点、图纸等，深入研究建筑模型结构，抓住特点重点呈现，必要时根据图纸用三维软件制作效果图。正确选择模型制作的方式，纯手工制作可以在模型制作过程中，逐步分阶段研究和深入感受模型，最后呈现细节。3D 打印和激光雕刻则需要在制作前掌握全部模型主体和细节，要求较高。在制作模型的过程中，要注重留存过程资料。

课后思考：

1. 曲面模型制作方式。

2. 木质手工模型制作工具与方法。

3. 古建筑模型制作方法。

4. 建筑单体模型制作方法。

项目实训 1——古建筑制作

1. 实训内容

四合院模型制作。

2. 实训目的

在实训中掌握古建筑模型制作的流程和方式方法。

3. 过程指导

（1）查找四合院图纸和资料。

（2）确定模型制作风格和制作方案。

（3）确定模型比例。

（4）准备材料和工具。

（5）模型制作阶段。

（6）建筑完成后检查、卫生清理。

（7）模型摄影及保存。

4. 实训成果要求

模型底板大小根据图纸和比例自拟，右下角处贴上标签，标签内容包含模型名称、姓名、学号、比例等信息，最终上交四合院模型实体。

项目实训2——单体建筑模型制作

1. 实训内容

萨伏伊别墅实体模型。

2. 实训目的

在实训中掌握单体建筑模型制作的流程和方式方法。

3. 过程指导

（1）查找萨伏伊别墅图纸和实景照片。

（2）确定模型制作风格和制作方案。

（3）确定萨伏伊别墅模型比例1：50。

（4）准备材料和工具。

（5）制作底板。

（6）在底板上按比例绘制萨伏伊别墅平面图。

（7）切割并粘贴材料，制作萨伏伊别墅外墙和内部结构。

（8）建筑细部制作。

（9）模型制作完成后的检查、卫生清理。

（10）建筑模型摄影及保存。

4. 实训成果要求

模型底板大小500mm×500mm,右下角处贴上标签,标签内容包含模型名称（萨伏伊别墅）、姓名、学号、比例（1:50）等信息,最终上交萨伏伊别墅模型实体。

项目实训3——规划类模型制作

1. 实训内容

古城实体模型制作,查找一古城遗址资料,制作古城复原模型。

2. 实训目的

在实训中掌握规划类模型制作的流程和方式方法。

3. 过程指导

以辽宁大连复州古城为例,亦可制作其他古城模型。

（1）确定所制作的古城内容（可以是整体,亦可为一部分）。

（2）查找古城资料。

（3）实际考察调研：复州古城遗址考察、博物馆考察。

（4）确定模型制作风格和制作方案。

（5）确定古城模型制作比例。

（6）准备模型制作材料和工具。

（7）古城模型制作。

（8）模型完成后检查、卫生清理。

（9）古城模型摄影及保存。

4. 实训成果要求

模型底板大小根据实际情况自拟,右下角处贴上标签,标签内容包含模型名称、姓名、学号、比例等信息,最终上交古城模型实体。

项目实训4——庭院模型制作

1. 实训内容

根据设计的庭院图纸,制作实体模型。

2. 实训目的

在实训中掌握庭院模型制作的流程和步骤。

3. 过程指导

（1）设计庭院建筑及景观方案。

（2）确定庭院建筑及景观模型制作风格和制作方案。

（3）准备材料和工具。

（4）制作模型底板。

（5）制作庭院建筑模型。

（6）制作庭院景观。

（7）模型细节制作和修改。

（8）模型完成后检查、卫生清理。

（9）庭院模型摄影及保存。

4. 实训成果要求

模型底板大小根据设计自拟,右下角处贴上标签,标签内容包含模型名称、姓名、学号、比例等信息,最终上交庭院模型实体。

CHAPTER 5

—

第五章

建筑模型的摄
影与保存

学习目标

掌握建筑模型制作完成后的摄影与后期处理，掌握建筑模型拍摄技巧，能够拍摄具有艺术效果的模型照片，同时能够利用软件进行照片的后期处理和排版。能够布置场景，拍摄模型视频，并对视频进行剪辑和效果处理。

学习任务

1. 学会使用道具进行拍摄，掌握拍摄构图、角度、用光、背景布置等技巧，能够拍摄具有艺术性的照片。

2. 能够拍摄建筑模型视频。

3. 能够对照片和视频进行后期处理和排版。

任务分解（重点、难点）

本章任务分解表详见表 5-1、表 5-2。

表 5-1 第一节 建筑模型的摄影

内容	技能与方法	学习知识点	考核点	重点、难点
道具	掌握建筑模型摄影的内容和技巧，以及后期需要运用的软件	建筑模型摄影使用的道具种类	1.能够布置模型摄影环境 2.拍摄艺术性较高的模型照片和视频 3.能够对照片和视频进行后期处理。	重点：拍摄艺术性较高的模型照片和视频 难点：模型照片和视频的后期处理
构图		建筑模型摄影如何构图		
角度		建筑模型摄影角度如何确定		
背景		建筑模型摄影的背景选择和设置		
用光		建筑模型摄影用光类型及注意事项		
后期处理		建筑模型摄影后期处理方法		

表 5-2 第二节 建筑模型的保存

内容	技能与方法	学习知识点	考核点	重点、难点
模型实体保存	掌握建筑模型保存的方法	1.实体模型保护罩的制作 2.实体模型保存空间的要求	能够对建筑模型进行保存	重点：实体模型保存 难点：模型网络展览
模型摄影电子版保存		模型摄影电子版的保存方式		

建筑模型摄影和保存，是在模型制作完成后，将模型进行拍照，并对照片进行处理，然后将建筑模型本体和照片资料进行保存及展示。在拍摄建筑模型时，要根据模型体量、外观形态、模型材料、模型颜色等因素确定拍照的空间、照片构图、拍照角度、拍照用光和背景的设置。将优秀模型保存下来并拍照储存，对模型进行保存和展示，也可以作为之后模型教学的样板和案例。

一、模型摄影的道具

1. 拍摄道具

建筑模型摄影可以使用手机和单反相机。如今的手机拍照功能都比较强大，对于非专业摄影人员，是一个比较好的选择。一般摄影爱好者和专业摄影技术人员大都应用单反相机进行拍摄，如今的手机和单反相机的录像功能也很强大，可以对建筑模型进行录像，然后将录像进行剪辑，最终保存和展示。建筑模型摄影不仅要将模型制作完成的形态进行保留，也应该将模型制作过程进行保留，这样会使制作的模型成品更加生动。

单反相机可以配置多个镜头，有变焦、微距、广角和标准镜头，在拍摄时，一般情况下使用标准镜头，在特殊条件或有特殊要求时会用到变焦、微距和广角镜头，如，拍摄建筑模型局部和细节处时，使用微距镜头效果更好。

拍照时呼吸会增加手的抖动，按快门时手的抖动会影响照片质量，所以在按快门之前最好调整呼吸。三脚架的使用可以有效防止拍照时手的抖动，有利于拍出稳定的画质。录制视频均需要一个时间段，且经常要移动设备，在此期间很难避免手的抖动，容易出现视频晃动和画质不稳定的问题，在录制视频时使用稳定器能够有效避免视频晃动的问题，增强视频画面效果。

2. 灯光

最好利用阳光来进行拍摄，阳光的色温域对模型来说是最好的。另外，还可以使用发光体，如台灯、手电筒、手机照明等。根据需求，合理利用光源或是对光源进行组合应用，以达到理想的效果。

3. 小道具

为使拍摄的模型作品效果更佳，可以使用反光板、柔光屏等拍摄用的辅助工具，同时使用配景道具进行拍照配景的布置。

二、模型摄影的构图

建筑模型摄影首先要考虑拍摄的照片要表达的内容，再根据内容来确定模型摄影的构图、角度、背景、用光以及后期处理。

模型摄影的构图直接影响照片的最终效果，拍照时应以模型为拍摄的中心，无论是整体模型还是模型局部，每张模型照片都应该有它要表达的重要部位和因素，而这个重要展示对象就是拍摄的中心，也是构图的中心。有些模型在制作时有一定瑕疵，在拍照时应该避开瑕

第一节 建筑模型的摄影

疵部位，且不能将其放在构图中心；当瑕疵部位不得不出现在照片中时，将瑕疵部位放在边缘，并对其进行边缘虚化处理。确定构图中心部位后，统筹考虑其他因素，如模型阴影等，再对构图进行微调。总之，模型摄影的构图要充分展示建筑模型的表达内容，注重展示效果。

三、模型摄影的角度

根据所拍照片要表达的内容确定模型拍照的角度，另外选择拍照角度时也要考虑模型的阴影。模型摄影应多视角拍摄照片，然后再进行挑选。拍摄规划模型的整体全貌，应采用高视点的俯视角度；拍摄俯视角度照片要注意光影和明暗关系。

单体建筑要多视角进行拍摄，根据建筑的体量和形式，选择拍摄效果较好的角度，对建筑屋顶大、高度不高的模型，视点可以略低些，若要展现模型立面形象，可以以人视角的高度 1.5m 左右作为标准，按照建筑模型的比例，确定对应的拍照人视角高度，如建筑模型的比例是 1：100，则拍照的高度在 15mm 左右高度的位置。

对于高大模型的拍摄，可以采用仰视拍摄来展现模型的高大和挺拔，能够增强模型照片的表现力和感染力，离模型距离越近仰角越大，距离越远，仰角越小。远与近的仰视拍摄效果不同，拍照时可以多拍几张，然后再进行挑选。

四、模型摄影的背景

背景设置对模型摄影很重要，它可以营造良好的拍摄环境，烘托气氛。设置模型背景要根据模型整体造型和色彩。模型拍摄地点在室内和室外均可，在室内，模型拍摄的背景大多情况选择黑色粗布料处理，黑色粗布料吸光性较好，既不会影响模型本身颜色，也不会反光，能够拍出模型本身质感。也可布置其他颜色衬布，为模型烘托背景气氛，但要充分考虑模型本身的颜色，不能喧宾夺主。在室外拍摄，可以自然环境作为模型拍摄背景，在晴天时，将模型拿到室外，以草地、

树木或天空作为背景，也可去往高处，以远山等远景作为背景。建筑模型拍摄的背景是需要设计和构思的，要突出建筑模型主体，让建筑模型的表达更有艺术性（图 5-1）。

五、模型摄影的用光

建筑模型拍摄用光，一般有自然光源和人造光源两种，在拍摄用光方面，可单一使用自然光源，也可单独使用人造光源，亦将两者混合使用。拍照时尽可能选择自然光源，其呈现的效果是最好的。

1. 自然光源

选用自然光源作为模型拍照用光，一般在室外进行拍摄，室外最佳的拍摄时间是日出后一小时左右和日落前一小时左右，因为这两个时间太阳是低角度照射，暖色光光线柔和，阴影的长度和角度很适合，画面会很有质感，模型照片本身有更多的层次感。而且，这两个时间段的太阳光照射，自然环境色彩也是丰富的。尽量避免中午（11:00—14:00 左右）进行拍照，这个时间段太阳光线很强，容易产生反光和曝光的现象，阴影长度、角度和光影效果也不好。过早和过晚拍摄，会因为光线的不足和色温偏差导致照片质量下降。要根据太阳光的照射方向，调整模型的朝向，使模型阴影角度达到最佳。

2. 人造光源

单独选用人造光源作为模型拍摄用光，一般在室内进行拍摄，应用遮光布将室外光源遮挡住，以灯具作为光的来源。人造光源有主光和辅光，主光以建筑模型为中心，打到模型上，使模型成为焦点，主光的位置、方向、照度、颜色、光照范围要根据模型的体量、形态、材质、颜色综合考虑。光照要柔和，可以利用反光伞，避免出现模型反光和拍摄照片曝光的现象，主光应斜射在模型上，通常与模型成 45°，这样会呈现较好的影长和阴影角度；辅光是主光的补光，通过辅

图 5-1 模型背景的渲染 – 大连自然博物馆

光的设置，能够形成更好的光影效果。

3. 混合光源

采用混合光源用光，一般是在室内进行拍摄，当室内拍摄的自然光源不足时，可采用人工照明作为补充光源，但最好不要用闪光灯，否则会影响光影关系和光影效果，导致照片表现力下降。自然光源作为主光照进室内，与室内平面呈一定角度，模型的位置最好与自然光源的照射方向呈45°左右（不管是水平方向还是竖直方向），遮掩光辉形成较好的光影。

六、模型摄影的后期处理

建筑模型摄影后期处理是对模型照片和视频拍摄的后期处理。建筑模型照片的后期处理，一般用 Photoshop 软件，对模型照片的处理一般有三种情况，一是，调整模型照片的颜色，对照片的色偏、明暗、冷暖、曝光度等进行整体或局部调整；二是，对模型照片本身进行修复和重新构图，可以利用 Photoshop 修复模型制作时留下的小缺陷或是拍照时的缺陷；三是，改变和制作照片背景，让模型照片更具感染力。在对模型照片处理后，对照片进行排版，展示效果更佳。

建筑模型视频后期处理是对拍摄视频进行剪辑和简单的编辑，视频剪辑可采用模型制作的顺序或倒叙的方式，利用视频剪辑或编辑软件，如剪映、Premiere 等软件，为视频添加旁白、音乐或文字，校正色彩，以及对视频拍摄过程中出现的瑕疵进行处理。Premiere 是专业的视频编辑软件，若只是简单地处理视频，用一般的剪辑软件即可。

一、模型实体保存

建筑模型的成品可对外展览，展览后可对其进行保存以备后用，模型的保存有短期保存和长期保存两种。短期保存可以用纸或布进行遮盖以防尘，长期保存需要对模型成品设置保护措施。长期保存时可在模型成品外层设置保护罩（图5-2），防尘防潮止损，为不影响观看，保护罩应为透明颜色，可用玻璃或有机玻璃材料将模型四周和顶部进行围合和覆盖。在存放实体模型的空间，可以放置些防潮剂，且模型存放地要避免长时间的风吹日晒或高温，才能保证模型能够长久保存，所以模型的保存空间以常温干燥的室内空间为宜。

二、模型摄影电子版保存

当对模型照片和视频进行后期处理后，应将电子版保存到电脑或网盘中，同时上传到网络课程的网络资源中，丰富课程资源并方便学生查看和借鉴。另外，可利用订阅号等网络手段进行线上展览，没有订阅号需申请，然后直接在网络上编辑，最后公布即可。

小结

建筑模型的摄影和保存是模型制作最后的任务，它将直接影响最终的展示效果。好的模型摄影和后期处理，能够直接提升模型的艺术性和表现力，吸引人的注意力。在拍摄过程中，对模型构图、角度和用光等因素确定不了时，要思考创新，进行构图形式、多角度、调整

图5-2 光辉巷模型（大连规划展示中心）

用光的尝试，再从中选择优秀的照片进行图像后期处理，选择并编辑模型视频，最终形成电子文档进行保存，同时对实体模型做好保存。

课后思考：

1. 建筑模型拍摄的用光类型有哪些，应注意什么？

2. 建筑模型摄影应考虑的元素有哪些？

3. 建筑模型拍摄的背景应如何处理？

项目实训——建筑模型摄影及后期处理

1. 实训内容

建筑模型拍照、摄影及后期处理。

2. 实训目的

能够使用摄影道具对建筑模型进行拍照，布置摄影背景，并拍摄出具有艺术性、表现力、感染力的模型照片和视频。

3. 过程指导

（1）分组：根据模型制作的分组人员，一般 3~5 人为一组。

（2）准备摄影道具，布置拍摄背景，进行拍摄。

（3）后期图像处理及视频编辑。

（4）生成视频二维码：通过扫描二维码即可观看视频。

4. 实训成果要求

将后期处理后的照片和视频进行排版，展板大小 A1，视频以二维码的形式放进展板中，最终上交所有的处理后的照片、视频以及展板。

CHAPTER 6

一

第六章

建筑模型作品
赏析

学习目标

通过赏析作品，能够给模型制作者提供借鉴和素材，让模型作品更符合其预期效果。

学习任务

借鉴优秀作品，从赏析作品中提取可供借鉴的元素，增强模型最终效果。

任务分解（重点、难点）

本章任务分解表详见表 6-1。

表 6-1 建筑模型作品赏析

内容	技能与方法	学习知识点	考核点	重点、难点
建筑成品模型赏析	能够从优秀作品中汲取养分	了解成品建筑模型最终呈现效果和优秀模型的特征	能够从诸多模型案例中吸取有益元素，用于自身的模型制作	重点：借鉴诸多优秀模型，用于自身模型制作中 难点：分析优秀模型特征
学生作品赏析		了解学生作品的特点和最终展现效果		

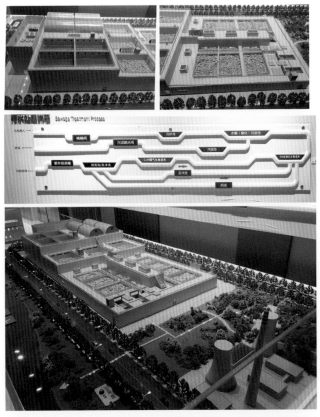

图6-1 污水处理厂模型（大连规划展示中心）

图6-2 风能太阳能发电模型（大连规划展示中心）

第一节 建筑成品模型赏析

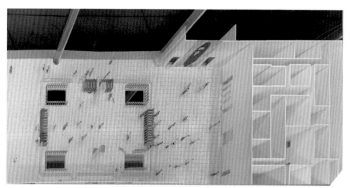

图6-3 智慧社区模型（大连规划展示中心）

图6-4 空港发展规划模型（大连规划展示中心）　　图6-5 大连北站综合交通枢纽模型（大连规划展示中心）

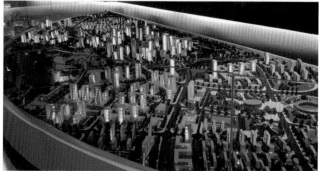

图 6-6 西中岛规划模型（大连规划展示中心）　　图6-7 小窑湾规划片区模型（大连规划展示中心）

图 6-8 学生景观设计作品模型 1

图 6-9 学生景观设计作品模型 2

第二节 学生作品赏析

参考文献

[1] 洪菁遥，陈卉丽，王雅婷. 模型设计与制作 [M]. 重庆：重庆大学出版社，2021.

[2] 建筑知识编辑部. 易学易用建筑模型制作手册（第二版）[M]. 金静，朱轶伦，译. 上海：上海科学技术出版社，2020.

[3] 唐海艳，李奇. 建筑与环境模型制作 [M]. 重庆：重庆大学出版社，2018.

[4] 鲍莉，Christian kerez，朱渊，王正. 从概念到模型：建筑学名师前沿设计课程 [M]. 南京：东南大学出版社，2017.

[5] 尼克·邓恩. 建筑模型制作 [M]. 费腾，译. 北京：中国建筑工业出版社，2018.

[6] 杨丽娜. 建筑模型设计与制作 [M]. 北京：中国轻工业出版社，2017.

[7] 王裴，张芷娴. 模型设计与制作 [M]. 北京：中国建材工业出版社，2015.

[8] 侯幼彬，李婉贞. 中国古代建筑历史图说 [M]. 北京：中国建筑工业出版社，2002.

[9] 杨大奇. 建筑模型设计与制作 [M]. 长沙：湖南大学出版社，2014.